Safe Use of Wastewater in Agriculture

From Concept to Implementation

废污水灌溉安全管理

——从理论到实践

Hiroshan Hettiarachchi　Reza Ardakanian　著

陈根发　邓晓雅　张丽丽　杜丽娟　梁　云　译

·北京·

图书在版编目（CIP）数据

废污水灌溉安全管理 : 从理论到实践 / (德) 和田广山, (德) 雷扎·阿达卡尼安编著 ; 陈根发等译. -- 北京 : 中国水利水电出版社, 2021.8
书名原文: Safe Use of Wastewater in Agriculture:From Concept to Implementation
ISBN 978-7-5170-9875-1

Ⅰ. ①废… Ⅱ. ①和… ②雷… ③陈… Ⅲ. ①污水灌溉—安全管理 Ⅳ. ①S273.5

中国版本图书馆CIP数据核字(2021)第179504号

书名	废污水灌溉安全管理——从理论到实践 FEIWUSHUI GUANGAI ANQUAN GUANLI ——CONG LILUN DAO SHIJIAN
原书名	Safe Use of Wastewater in Agriculture From Concept to Implementation
原著编者	Hiroshan Hettiarachchi　Reza Ardakanian　著
译者	陈根发　邓晓雅　张丽丽　杜丽娟　梁　云　译
出版发行	中国水利水电出版社 （北京市海淀区玉渊潭南路1号D座　100038） 网址：www.waterpub.com.cn E-mail：sales@waterpub.com.cn 电话：(010) 68367658（营销中心）
经售	北京科水图书销售中心（零售） 电话：(010) 88383994、63202643、68545874 全国各地新华书店和相关出版物销售网点
排版	中国水利水电出版社微机排版中心
印刷	清淞永业（天津）印刷有限公司
规格	184mm×260mm　16开本　8印张　195千字
版次	2021年8月第1版　2021年8月第1次印刷
定价	**68.00**元

前言

中国是一个水资源短缺国家，人均水资源量仅为世界平均值的1/4。随着经济社会的发展以及全球气候变化，未来水资源的供需矛盾将更加突出。如何高效地利用再生水、雨水、淡化海水等非常规水资源，是解决未来水资源短缺问题的重要途径。

随着城市化进程加快，城镇生活、工业废水排放量越来越大。这些废水未经处理后直接排放会带来严重的环境问题。越来越多的研究发现，废水是一种重要的资源，不仅能减小水资源供需之间的差距，其含有的营养物质还能减少化肥的使用量。废水的再利用如今在全世界范围内都得到了广泛关注，有助于解决由于水资源短缺而引起的全球性问题。

无论是发达国家还是发展中国家，缺水地区都在废水回用上投入了大量人力物力，将废水回用作为解决水资源短缺问题的方案。废水可以回用于农业生产、重工业生产、城市景观植物灌溉、地下水补给以及湿地修复等多种目的。通常来说，处理过的市政废水如果达到农业灌溉水质标准，就可以被应用于所有灌溉用途。废水的农业生产用途具有重要意义，特别是在由于人口密度增加而导致淡水资源短缺的地区。“需求适配”的废水处理方式越来越实用，它意味着可以根据预设的终端用户需求来进行废水处理。

废水回用的安全管理，已从污水处理厂出口端延伸到农业耕作制度的管理和农产品供应链的管理，需要从政府组织、管理，利益相关方参与等多方面去不断提高管理的质量。

Hiroshan Hettiarachchi 和 Reza Ardakanian 编写的这本 *Safe Use of Wastewater in Agriculture*: *From Concept to Implementation* 由施普林格出版社出版，系统阐述了废水灌溉的机遇、风险、技术流程及安全管理要点，并介绍了多个实践案例，对中国的废水回用有重要的借鉴意义。

本书第1～3章由张丽丽、陈根发、梁云、杜丽娟等人翻译，第4章由梁云、陈根发、邓晓雅等人翻译，第5章由陈根发、陈宇、邓晓雅、林希晨等人翻译，第6章由陈根发、黄瑞瑞、邓晓雅等人翻译，第7章由陈根发、张知非、林希晨、周岳鹏等人翻译，第8章由曲永驭、陈根发、冯雷、周岳鹏等人翻译，全书由陈根发审阅和定稿。

本书可作为水资源学相关专业科研、设计人员的辅助材料，也可以作为大中专学生扩展视野的课外读物，供其了解国际上废水回用现状及安全管理的研究进展。

由于水平所限，翻译中难免有错漏之处，敬请各位读者谅解。

译者

2021年5月

目录

第 1 章

废水灌溉安全管理：纽带法的“黄金范例”

Hiroshan Hettiarachchi，Serena Caucci 和 Reza Ardakanian

水、土壤和废弃物是与农业相关的三大关键资源，也是粮食生产的三大关键资源，三者之间有着密切的联系。对这三种资源进行综合管理，可以提高资源利用效率，进而为社会带来更多益处。这种综合管理的通常称为纽带法。废水灌溉安全管理（Safe Use of Wastewater in Agriculture，SUWA）就是阐述纽带作用的一个简单有力的例子。它解释了如何对纽带中的一种资源进行可持续管理，可以使同一纽带中的其他资源受益。废水灌溉不仅解决了水资源紧张地区的需水问题，也有利于“循环利用”其中的营养物质。这一过程从环保部门开始，这种管理模式的实施可以最终对水、土壤和土地管理产生积极的影响。在全球范围内，有超过 2000 万 hm^2 的农田使用废水灌溉。发展中国家和转型期国家需要明确的机制安排和熟练的人力资源，以解决与 SUWA 相关的技术、制度和政策问题。从联合国的角度来看，SUWA 还支持实现一些关键的可持续发展目标（SDGs）。本章以墨西哥梅斯基塔尔山谷的废水灌溉为切入点，本章以上述所有事实为基础对本书进行了介绍，并举例说明了 SUWA 作为纽带法的示例。

关键词：缺水，废水，灌溉，资源管理，纽带法，发展能力

1.1 背景：废水灌溉

全球有数百万的人生活在常年缺水的地区。Mekonnen and Hoekstra（2016）的报告称，全球约 2/3 的人口每年至少有一个月处于在严重缺水的状况。值得注意的是，从地理位置上看缺水问题不仅限于北非和中东等传统干旱地区的国家，也包括印度、中国、中亚、撒哈拉以南非洲、南美洲中西部、澳大利亚和北美的部分地区（WWAP，2016）。《2015 年世界水资源发展报告》指出，如果目前的状况继续下去，到 2030 年全球 40％的地区都将面临水资源短缺问题。

水资源短缺的定义与人们的需求和生计有关（SEI，2005），但并不是绝对的。缺水通常是指无论水质如何，都没有足够的水，干旱造成的水资源短缺就是一个例子。面临干旱问题的地区必须找到其他办法来减轻日常活动和经济所造成的负面影响。在确定水资源短缺时也应考虑到水质的问题。污染使得一些丰水地区出现水质型缺水。在一些地区，地表水的污染问题十分严重，使得这些水甚至不再适用于非饮用用途，如农业灌溉（FAO，2011；WHO，2016）。农业部门用水占全球人类用水总量的 70％～80％，预计到 2050 年将再增加

70%，以满足 90 多亿人口的用水需求（Lautze et al.，2014）。Vob et al.（2012）认为水资源短缺和随之而来的环境恶化可能迫使数百万人流离失所，成为寻找淡水的“环境难民”。

然而，在其他地区发现一些比较新颖独特的例子，这些地区的人们一直在寻找可以替代的办法，因为他们不想成为环境难民。梅斯基塔尔山谷位于墨西哥城以北约 160 公里处，几个世纪以来一直都是干旱地区。19 世纪末开始，该地区面临着灌溉用水严重短缺的问题。与此同时，墨西哥城则面临着一个截然不同的问题。墨西哥城没有好的方法来处理雨污混流的废水。这两个地区决定互相帮助，将墨西哥城的废水供给梅斯基塔尔山谷用于灌溉（Hettiarachchi and Ardakanian，2016b）。在梅斯基塔尔海拔较低的地区，通过管道和隧洞自流供水。正是这个勇敢的行动，使得该地区在当时找到了一个“足够科学”的解决方案，梅斯基塔尔山谷的农业开始蓬勃发展。在最初的 100 年里，该地区没有采取任何行动来研究用水安全方面的问题，这 100 多年来一直使用未经处理的废水进行农田灌溉，造成环境和公共卫生的恶化。据报道，该地区人们患肾癌的概率较大，这与该地区使用未经处理的废水进行灌溉有直接的关系（Caucci and Hettiarachchi，2017）。

在农业中使用废水具有经济意义，不仅可以缓解水资源短缺的问题，而且废水还可以提供植物生长的营养，从而减少肥料的使用，使得作物生产期的成本降低。废水管理机制改善工作，可以为与水相关的部门或者其他邻域创造直接或间接的就业机会（WWAP，2016）。将废水用于农业方面可以减轻淡水供应的压力，改善干旱地区的土地使用管理。因此，废水在农业上的再次利用所带来的益处远大于使用其他水源。

梅斯基塔尔山谷的例子当然是特殊的，但它不是唯一的，还有许多其他国家和地区有意无意地跟随梅斯基塔尔山谷的步伐。中东和北非地区的一些国家，如以色列、约旦和突尼斯，废水回用方面取得了很大进展，同时调整了政策框架，但仍有许多其他地区依然使用未经处理的废水进行灌溉。废水是一个供用水过程中的一个环节，但迄今为止，它一直被认为是一种负担而不是一种资源。在一个对水的需求量大于可用水量的时代，废水是一个必须考虑的水源。

1.2 废水的安全利用

上一节中梅斯基塔尔山谷的例子给了我们很多启示。总的来说，如果建立适当的机制来管理并确保人类、作物、牲畜和环境的安全，废水灌溉实际上是解决农业面临缺水问题的一种可行性方案。该过程的“安全”方面，不仅是社区，而是政府和机构广泛接受的关键。毫无疑问，SUWA“正确”的实践方法是将处理过的废水用于农业灌溉。但是，应该有一个科学的机制来处理和分配处理后的废水。这也意味着，地方政策中应该设置一些规定，使这一过程的安全得到保障。

Paillés Bouchez（2016）就梅斯基塔尔地区水循环利用安全方面出现的问题作了一个有趣的说明。他指出，该地区的人们对水知识的了解并不全面，没有意识到废水在再次利用前需进行处理的重要性。尽管水的再次利用已经在该地区实行很长时间了，但循环利用这一概念一直没有被纳入到当地的教育中，甚至在大学阶段也没有。大约 20 年前，污水处理厂第一次被引入该地区，人们关于水的循环利用这一概念的意识开始增强。根据经验，Paillés Bouchez（2016）估计在实施污水处理试点项目的地区中，包括教师和政府官员在内的只有不到 1%的人了解废水的安全利用。与此同时，在国家和地方政府的参与下，数千公顷的农田已经开始使用未经处理的废水进行灌溉。幸运的是，在伊达尔戈州环境信托基金（FIAVHI）的不懈努力下，废水的安全利用意识和地方的相关支持逐步提升。自 1999 年以来，FIAVHI 及其合作伙伴在梅斯基塔尔及其周围地区实施了 80 多个废水处理项目；所有这些废水处理都是为了在农业和林业生产中回用（Antonio Paillés Bouchez，2017 年 3 月数据）。

梅斯基塔尔地区的实践就是一个例子，它通过建立制度体系和培训计划，来确保实施废水灌溉地区的安全问题。这不仅适用于处理技术方面的问题，也适用于处理政策方面的问题，以便更加清楚地了解废水利用的机会和潜在的风险。这其中的“机会”很容易理解和解释，因为它们具有积极且很大的经济潜力。“风险”是更难管理的方面，其一是风险难以被识别；其二是无法管理的风险给经济带来的负面影响是不会立即显现的，对公共卫生方面的影响也需要数十年才能见效。通过对梅斯基塔尔山谷当地农民的采访，作者发现，问题的关键并不是人们缺乏安全或者健康方面的知识，真正的原因是因为人们缺乏对健康问题的思考能力。对于那些看起来“微不足道”的健康问题，人们只需要去当地的药店买些药就可以。这些开处方抗生素而未进行任何微生物筛查和/或征求医生咨询的“替代药房”（法米西亚类似药）似乎使情况更加恶化（Caucci and Hettiarachchi，2017）。

在非洲、亚洲和拉丁美洲的许多国家，地表水的病原体污染比较严重。这显然会成为更严重的威胁。由于农业生产或娱乐而暴露于微生物污染水的社区很容易爆发严重的疾病（Hanjra et al.，2012）。如果该地区水体污染源是未经处理的废水，也会有类似的情况发生。如果与排泄物相关的疾病爆发，废水中致病病原体的浓度将增加，形成螺旋式的灾难（WHO，2006，2016）。

世界卫生组织（WHO）发布的废水使用指南，为准备降低废水利用所带来的健康危害的国家制定相关的规范和标准提供了一个框架，并提供了有关确保安全的监测程序的资料。水质要求主要是针对回用的目的，此外病原体还包括农业方面的盐和养分含量（WHO，2006）。许多国家都从这些制度的指南中受到启发。然而，文献表明，世界卫生组织准则在不同地区的适应性方面存在一些问题。这主要是因为政府部门没有向人们宣传相关知识和规章制度。一些来自梅斯基塔尔山谷的当地居民接受了联合国大学弗洛雷斯分校的采访并参与讨论，他们无法保证在实践中按照指南来完成 SUWA（Caucci and Hettiarachchi，2017）。尽管人们对健康问题十分感兴趣，但在讨论中关于利用废水中养分和经济方面的一些问题仍占主导地位，参与者就废水再利用和健康这两个问题做出明确的优先选择。因此，需要更加广泛地宣传相关知识。鼓励人们对废水利用进行管理，来证明“处理过的”废水实际上是可以为作物生长提供所需的营养成分，获得优质的产量，而且不会对健康和环境产生负面影响。

1.3 SUWA 和纽带法

联合国大学弗洛雷斯分校是一个致力于研究可持续发展的机构，该机构建议采用综合水、土壤和废弃物资源这三者的方法来提高资源利用率（Hettiarachchi and Ardakanian，2016a）。因为这些资源之间是相互联系和相互依赖的，对三者进行综合的可持续管理可以提高资源的利用率。SUWA 就是一个很好的例子，它很好地诠释了水、土壤和废弃物这三者之间的联系。

综合管理过程始于对废弃物进行处理，选择正确的处理方式可以使其成为一项有价值的资源，对于水和土壤也是非常重要的。这种利用协同效应和综合管理的模式被称为纽带法。

联合国大学弗洛雷斯分校将 SUWA 看作纽带法的“黄金范例”，是因为纽带法有助于 SUWA 发挥最大限度的优势。为此，联合国大学弗洛雷斯分校自设立研究和能力发展议程以来就一直倡导 SUWA，并与联合国以及非联合国组织、大学和联合国成员国合作，以增进目前的了解并发现新的规律。特别是从联合国的角度来看，SUWA 的例子提供了一些切入点，来重新审视目前的水资源管理的战略，并通过营养物质恢复这一主题对粮食安全提出了另一个积极的讨论点。因此，对于人们最重要的是，SUWA 不仅是弥补需水量与可用水量差距的一项基本措施，而且还提供了一些农作物所需的营养物质。

SUWA 源于水资源严重匮乏的地区，但经过多年的努力，SUWA 现在变得更加有组织性了，并提出了一个问题：为什么不把 SUWA 应用于其他地区？无论是否在缺水地区，提出将谈水用于农业、绿地维护和厕所冲水的问题都是很有趣的。为什么我们不能利用一个地区（尤其是城市）稳定而大量的废水来满足该地区的上述需求来推动可持续发展？在许多地区，无论是处理过还是未经处理的废水都是全年或季节性地排放到环境中，因此无法对其进行再次利用，使其失去产生营养物质或其他附加值的机会。随着新能源供应的减少和人们需求量的增加，许多地区的水资源越来越宝贵，不能仅在“消费”一次之后就排放（DWA，2008）。

但是，谁该为废水的处理和配置支付费用也是一个问题。有一种观点认为，过去在某些地区实现的免费配置常常导致水资源的浪费。废水的处理和配置未来所产生的市场管理应与传统的水资源管理相结合。在这种背景下，欧洲关于水资源管理所制定的指南为其他地区树立了一个好的榜样。欧洲水资源管理指南的目标是采取一种综合办法，回收水资源管理成本（DWA，2008）。这种方法的闭合循环（水和营养物质）完全符合纽带法。它不仅满足了人们对水资源的需求，而且减少了对淡水资源的新开发。

在本节前面有提出通过废水灌溉对营养物质进行再次利用的观点。这一观点的提出与废水中大量营养物质的流失和乱排的现象有关，在正常情况下，这种现象的发生会加剧环境的恶化。这也与粮食生产有直接的关系。就目前的人口来说，世界范围内也未能实现粮食安全，但预计在未来的 35 年内人口数量将再增加 20 亿（Hettiarachchi and Ardakanian，2016a）。非常明确的是，我们必须寻找一些不同的潜在资源，比如 SUWA 就是一个很好的选择，它对废水中的营养物质进行合理再利用。

1.4 SUWA 的能力发展需求

虽然对废水进行适当管理的历史相对较短，但它也向我们展示了废水如何以积极的方式影响社会和人类的发展。其中流行病的控制就是一个很好的例子。许多人认为，在过去的 100 年左右的时间里，人类平均寿命快速增长的主要原因是水质的改善；毫无疑问，对废水进行适当的管理也在其中发挥了重要作用。由于对 SUWA 等可持续发展主题的不断探索，现在废水回用管理的主题将废水回用定义为循环经济的一种手段。然而，要想充分利用已有实践所创造的势头推广废水回用，还有很长的路要走。

在缺乏废水处理技术的国家必须实施他们可以负担得起的技术。技术的选择不仅具有高度的地区差异性，在进行选择的时候还需要掌握该地区气候系统、经济发展水平、经济活动类型、废水污染水平及污染类型等相关方面的知识（UNEP，2015a）。公共卫生一直在废水处理的发展中发挥着核心作用。废水在重新利用之前至少需要进行二级处理。这表明我们迫切需要发展新技术来支持 SUWA 的发展。降低废水再利用风险最合适的办法就是结合当地预期的废水用途和经济因素综合考虑进行选择（O'Neill，2015）。在进行废水的安全利用中必须优先考虑废水与人类的接触，虽然已经制定了《农业中安全使用废水、洗涤水和排泄物的指南》，但它们在预防健康风险方面要么效果非常差，要么在该领域的应用还不为人所知（WHO，2006）。

安全使用废水还需要利益相关者积极地参与，使其能够了解废水所带来的效益和风险（Mahjoub，2013）。遗憾的是，糟糕的治理以及对运营和维护的不够重视，使人们对废水处理基础设施的信任感下降，并对持续促进农业废水再利用的习惯改变增加了障碍（国际透明组织，2008）。因此，改善污水治理需要了解不同利用相关者的利益，这将鼓励人们经济推动 SUWA 的发展。在充分尊重当地文化和经济条件的情况下，为正在实施的地区量身定制规章制度（UNEP，2015a，2015b）。

由于全世界大量人口不断向城市地区聚集，预计城市废水量将不断增加。改善污水管理是到 2030 年实现可持续发展目标（SDGs）的基础。具体来说，可持续发展目标就是在现有基础上大幅改善卫生条件和水质。此外，还有几个与该主题密切相关的目标，如图 1.1 所示（UN，2015；UN - Water，2016）。

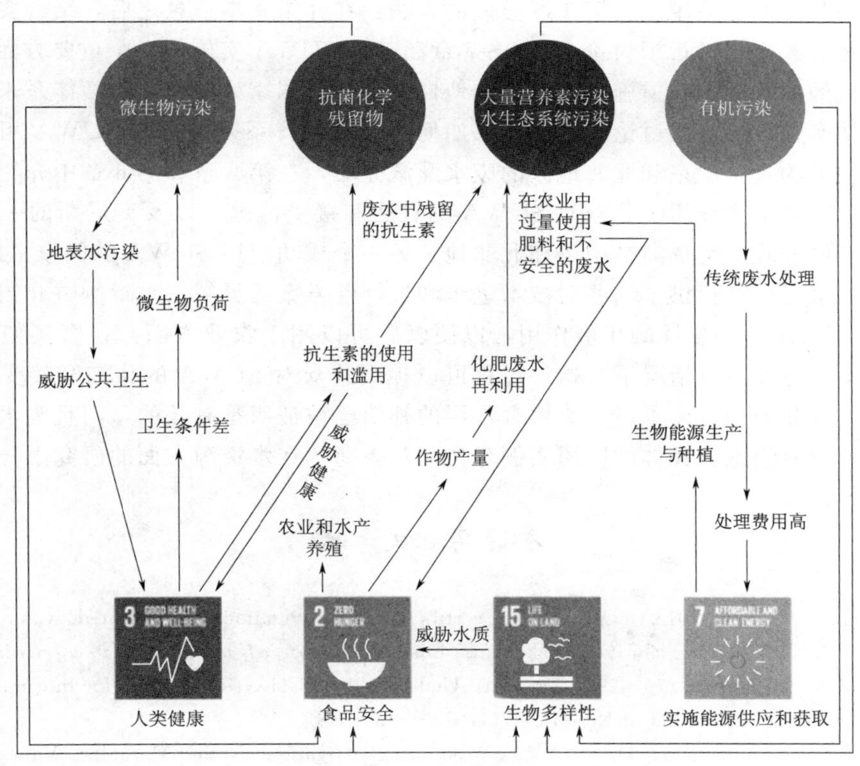

图 1.1　可持续发展目标与水质的关联与互动

关于农业安全利用废水还存在几个问题。如何将污水处理的转型转变为可持续发展的过程？如何安全地实现农业资源的回收？当然，技术的开发与使用是必要的，但基础设施的资金筹集和技术能力方面的专业知识也是必要的。在理想的情况下，应在不对环境和公共卫生产生不利影响的情况下进行资源的回收利用。该过程应具有较好的经济效益，并得到政策的支持（UNEP，2015b）。大多数水资源匮乏的国家，他们最大的问题不一定是缺乏关于水循环利用的质量标准的规定或条例，而是缺乏完全独立的相关部门来监督和执法。我们相信，本书的内容将会指导人们如何将概念与 SUWA 的实践联系起来。

1.5 本书主要内容

本书的第 7 章介绍了与 SUWA 相关的三个相关领域的信息：建立概念所涉及的理由和基本技术，随后是实施，最后一章是 SUWA 目前如何实施的选择性方案。

在对 SUWA 中存在的机会和风险作了一个广泛的介绍之后，本书的第 2 章和第 3 章就废水质量对土壤和作物的影响作了一个简要的科学介绍，从农业的角度出发，关注土壤和水的特性，以及使用废水是如何影响它们的。废水处理是 SUWA 的重要组成部分，其处理技术在已发表的文献中得到了很好的证实。虽然有关废水处理的技术细节在本书没有提及，但重要的是本书可以为 SUWA 选择合适的技术提供一些指导。第 4 章借助德国的经验，德国协会为水、废水和废弃物编制的矩阵（DWA）讨论了这方面的问题。

本书的其余部分采用了与第 4 章类似的方法：在介绍基本信息之后，结合实际对各个国家特有经验的应用进行了讨论。第 5～7 章涵盖了 SUWA 实施的三个重要方面。第 5 章讨论了相关的政策和治理措施，并更具体地讨论了一个国家如何建立制度体系来保障 SUWA 的成功实施。第 6 章讨论了一个国家如何建立制度体系来解决与 SUWA 相关的健康方面的问题。约旦是中东和北非地区的废水灌溉先驱，在第 5 章和第 6 章中介绍了该地区具体的实例。第 7 章介绍了公众对 SUWA 的看法和接受情况，以及突尼斯的一些基本信息和所取得的经验。突尼斯是中东和北非地区另一个成功应用 SUWA 的国家。

本书的最后一章提供了一些对技术进步和选择性方案的见解。本章侧重介绍废水在含水层补给（MAR）中发挥的积极作用，以便以后可以用于农业方面。在直接使用处理过的废水并不十分普遍的情况下，这一过程可以提高公众对 SUWA 的认知和接受能力。经过适当的设计和处理，废水对于土壤含水层的补给已被证明是有效的，而且废水中的所有病原体都被有效隔绝。具体的应用实例来自荷兰。荷兰在水资源方面的研究十分突出。

参考文献

Paillés Bouchez，C. A.（2016）. Council for certification of irrigation with treated water in Mexico (Mexico). In H. Hettiarachchi & Ardakanian (Eds.) *Safe use of wastewater in agriculture*: *Good practice examples*. (pp. 279 - 299). Dresden: United Nations University Institute for Integrated Management of Material Fluxes and of Resources (UNU - FLORES).

Caucci，S.，& Hettiarachchi，H.（2017）. Wastewater irrigation in the Mezquital Valley，Mexico: Solving a century - old problem with the nexus approach. In *Proceedings of the International Capacity*

Development Workshop on Sustainable Management Options for Wastewater and Sludge, March 15 - 17, 2017, Mexico. Dresden: United Nations University Institute for Integrated Management of Material Fluxes and of Resources (UNU - FLORES).

DWA. (2008). Treatment steps for water reuse. In *DWA - Topics*. Hennef, Germany: Deutsche Vereinigung für Wasserwirtschaft, Abwasser und Abfall e. V. (German Association for Water, Wastewater and Waste, DWA).

FAO. (2011). Agriculture and water quality interventions: A global overview. *SOLAW Background Thematic Report—TR08*. Food and Agricultural Organization (FAO).

Hanjra, M. A., Blackwell, J., Carr, G., Zhang, F., & Jackson, T. M. (2012). Wastewater irrigation and environmental health: Implications for water governance and public policy. *International Journal of Hygiene and Environmental Health*, *215* (3), 255 - 269. https://doi.org/10.1016/j.ijheh.2011.10.003.

Hettiarachchi, H., & Ardakanian, R. (2016a). *Environmental resources management and the nexus approach: Managing water, soil, and waste in the context of global change*. Switzerland: Springer Nature.

Hettiarachchi, H., & Ardakanian, R. (2016b). *Safe use of wastewater in agriculture: Good practice examples*. Dresden, Germany: UNU - FLORES.

Lautze, J., Stander, E., Drechsel, P., Da Silva, A. K., & Keraita, B. (2014). Global experiences in water reuse. In *Resource Recovery and Reuse Series* 4. Colombo: International Water Management Institute (IWMI)/CGIAR Research Program on Water, Land and Ecosystems. www.iwmi.cgiar.org/Publications/wle/rrr/resource _ recovery _ and _ reuse - series _ 4. pdf.

Mahjoub, O. (2013). "Ateliers de sensibilisation au profit des agriculteurs et des femmes rurales aux risques liés à la réutilisation des eaux usées en agriculture: Application à la région de Oued Souhil, Nabeul, Tunisie" [Awareness - raising workshops for farmers and rural women about the risks related to the use of wastewater in agriculture: Applied to the area of Oued Souhil, Nabeul, Tunisia]. In *UN - Water. Proceedings of the Safe Use of Wastewater in Agriculture*, *International Wrap - Up Event*, June 26 - 28, 2013, Tehran. (In French.) www.ais.unwater.org/ais/pluginfile.php/550/mod _ page/content/84/Tunisia _ Ateliers%20de%20sensibilisation%20au%20profit%20des%20agriculteurs%20et%20des%20femmes%20rurales _ Mahjoub.pdf.

Mekonnen, M. M., & Hoekstra, A. Y. (2016). Four billion people facing severe water scarcity. *Science Advances*, *2* (2). https://doi.org/10.1126/sciadv.1500323.

O'Neill, M. (2015). *Ecological sanitation—A logical choice? The development of the sanitation institution in a world society*. Tampere, Finland: Tampere University of Technology.

SEI. (2005). *Linking water scarcity to population movements: From global models to local experiences*. Stockholm Environmental Institute (SEI): Stockholm.

Siebe, C., Chapela - Lara, M., Cayetano - Salazar M., Prado B., & Siemens, J. (2016). Effects of more than 100 years of irrigation with Mexico city's wastewater in the Mezquital Valley (Mexico). In H. Hettiarachchi & Ardakanian (Eds.) *Safe use of wastewater in agriculture: Good practice examples* (pp. 121 - 138). Dresden: United Nations University Institute for Integrated Management of Material Fluxes and of Resources (UNU - FLORES).

Transparency International. (2008). *Global corruption report* 2008: *Corruption in the water sector*. Cambridge, UK: Cambridge University Press. www.transparency.org/whatwedo/publication/global _ corruption _ report _ 2008 _ corruption _ in _ the _ water _ sector.

UN. (2015). *Transforming our world: The 2030 agenda for sustainable development*. New York: United Nations.

UNEP. (2015a). *Good practices for regulating wastewater treatment: Legislation, policies and standards*. Nairobi: United Nations Environment Program (UNEP). www. unep. org/gpa/documents/publications/Good Practices for Regulating Wastewater. pdf.

UNEP. (2015b). Options for decoupling economic growth from water use and water pollution. *Report of the international resource panel working group on sustainable water management*. Nairobi: United Nations Environment Program (UNEP).

UN - WATER. (2016). *Towards a worldwide assessment of freshwater quality: A UN - water analytical brief*. Geneva: UN - Water.

VoB, A., Alcamo, J., Bärlund, I., VoB, F., Kynast, E., Williams, R., et al. (2012). Continental scale modelling of in - stream river water quality: A report on methodology, test runs, and scenario application. *Hydrological Processes*, *26*, 2370 - 2384.

WHO. (2006). *Guidelines of the safe use of wastewater, excreta and grey water—Vol. 2: Wastewater use in agriculture*. Geneva, Switzerland: World Health Organization (WHO). www. who. int/water_sanitation_health/wastewater/wwuvol2intro. pdf.

WHO. (2016). *Preventing disease through healthy environments: A global assessment of the burden of disease from environmental risks*. Geneva, Switzerland: WHO Press, World Health Organization. http: //apps. who. int/iris/bitstream/10665/204585/1/9789241565196_eng. pdf.

WWAP. (2015). *The united nations world water development report 2015: Water for a sustainable world united nations world water assessment programme (WWAP)*. Paris, France: UNESCO.

WWAP. (2016). *The united nations world water development report 2016: Water and jobs. United nations world water assessment programme (WWAP)*. UNESCO: Paris, France.

第 2 章

废水灌溉面临的机遇与风险

Md Zillur Rahman，Frank Riesbeck 和 Simon Dupree

城市化、工业和农业的发展而引起的气候变化，以及人类活动所产生的影响，已经成为了当今全球水资源管理领域面临的最大挑战。在干旱和半干旱地区，粮食生产的高需水量，致使水资源短缺成为了一个重大的经济、环境以及社会问题。因此，为了应对水资源短缺带来的挑战，废水灌溉的需求已经显著增加。也正是由于这个原因，废水灌溉在农业生产和经济发展方面有巨大的潜力。另外，废水的再利用也存在着值得注意的环境和健康隐患。本章旨在探讨废水在农业上的多种运用前景和运用方式，其中包括了“需求适配”的方式，即按终端用户的需求提供处理过的废水。本章的废水再利用探讨也特别关注含有微生物的灌溉用水以及其他微生物风险所导致的用水安全问题。即使经过生物处理，城市污水仍然会含有大量的微生物（细菌、病毒、寄生虫、虫卵等），其中也包含病原体。因此，尽管废水灌溉农田拥有着充足的机遇优势，其核心探讨方向仍然是疾病传播的可能性。

关键词：水资源短缺；气候变化；农业；废水回灌；水质；病原体；卫生指标

2.1　水资源短缺：全球视角

气候变化、城市化增长和工业化发展的影响已经扩大到了全球化污染以及全世界淡水资源的过度开采。同样，污水排放也会使水生态系统承受巨大压力（Hamilton et al.，2006；Gosling and Arnell 2016；Zhou et al.，2017）。过去几年间的气候变化已经导致了全球尺度下的极端气候增加，例如伴有强降雨的强劲风暴以及高温条件下的长期干旱状态，都对农业生产产生了重大影响（Gawith et al.，2017）。这些全球性变化导致的其他主要后果是全球范围内可用淡水资源持续性减少。水资源短缺的影响范围已经扩大至世界各大洲。全世界大概有 12 亿人，或者说将近世界人口 1/5 的人，生活在资源性缺水地区，并且有 5 亿人正在向这种状态靠拢。另外有 16 亿人，或者说将近世界人口 1/4 的人，正面临着工程性和水质性水资源短缺（Parekh，2016；Gray et al.，2016）。然而，水资源短缺既是一种自然现象，也是一种人为现象。尽管地球上具备充足的淡水资源供人们使用，但是水资源分布不均，并且其中的大部分被浪费、污染，无法进行持续性利用。另外，如图 2.1 所示，地球上 97%的水是海洋咸水（Liu et al.，2011；Du Plessis，2017）。根据 Liu 等（2011）的研究，人类可用的水仅占地球上全部水资源的 1%，并且大部分是地下水（图 2.1）。这也表明了可以提供给人类使用的水资源有限。

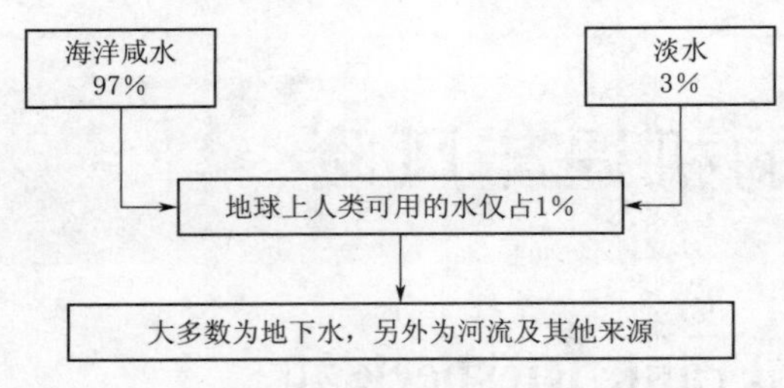

图 2.1 世界范围内的人类可用水大部分为地下水

表 2.1 总结了世界上不同地区生活、工业和农业的水资源消耗量百分比，特别是在中等收入国家和高收入国家（Du Plessis 2017）。很明显，水资源主要被农业部门消耗（约占 69%）。也正因为如此，节水的主要措施也应该应用于这一部门。到 21 世纪中叶，随着世界人口数量增长至 90 亿，全球的食物、饲料和纤维需求量也将翻倍。同时，人口增长也可能会促使农产品被用作生物能源，景观用地被用作工业用地（Dale et al.，2016；Helander，2017）。因此，对农产品的新需求和传统需求会导致已经稀缺的农业资源形成持续性压力。与此同时，农业却被迫与持续扩张的城市争夺土地资源和水资源，并且被赋予了新的职责：适应并减缓气候变化，维护自然生态，帮助保护濒危物种并且维持高水平的生物多样性。

表 2.1 按部门划分的全球用水量

全球 69%的用水量消耗于农业，主要用水形式为灌溉	22%消耗于工业用水	8%消耗于家庭用水	1%消耗于娱乐性景观用水

关键用水消耗地点：

● 用于灌溉的农业用水：与低等及中等收入国家密切相关，然而，15%～35%的灌溉用水以不可持续的方式使用

-亚洲是农业用水量最高的地区，因为全世界约有 70%的灌溉地在亚洲。

● 工业用水取水：5%在低收入国家并且 40%以上在某些高收入国家。

城市化、工业和农业的发展导致的气候变化和人类活动所产生的影响，是水资源管理面临的主要挑战。人口数量持续增长，人们饮食偏好的改变、营养的改善，城市、工业、娱乐性景观以及环境保护取水量持续增加，这些都导致了全球优质淡水资源需求量的大幅增长以及用户之间的资源竞争（De Fraiture et al.，2010；Harper et al.，2017）。

世界人口数量将在 2050 年左右到达 90 亿，对食物以及净水的需求也随之成为了世界各国关心的重要问题。特别是对于通过灌溉来生产食物、饲料以及纤维的地区，这个问题尤为严重。全球气候变化将改变气温、年降水量的长期变化规律以及区域降水分布模式，由此可能会进一步加剧上述问题。持续性的能源价格增长、投入成本上升、土壤侵蚀及盐渍化、气候变化以及环境完整性丧失等经济问题也使形势进一步恶化（FAO，2017；Dale et al.，2016）。

2.2 农业可持续发展与废水

目前灌溉耕地占农业耕地总面积的 20%，并且产出了世界粮食产量的 40%（Postel 1999）。在全世界的许多地区，灌溉作物生产也为农用或食用动物提供了大量的饲料

(Hagihara，2016)。由于土壤盐渍化、土壤侵蚀以及城市化的发展，世界耕地总量持续下降，因此需要大幅提升湿润地区的农作物产量，而且需要增加灌溉农业在干旱和湿润地区的粮食产出比例（Riesbeck，2015，2016c，2016d，2017b)。面向灌溉农业的淡水量正在减少，然而产量的需求却在迅速提升。地下水为干旱和湿润地区应对这些挑战时提供了许多资源。不论是在干旱灌区还是湿润灌区，从土壤表面和剖面通过自然或人工的方式排出多余的水分都是支撑作物生产的重要环节。在多数干旱地区，只有在土壤盐浓度和浅层地下水高度都得到充分控制的情况下，灌溉作物产量才能从根本上得到维持。然而，湿润地区通常需要通过田间排水来降低地下水水位或拦截地下径流，从而防止涝渍情况的发生。幸运的是，与早期灌溉文明相比，现代灌溉及排水技术与先进灌溉管理方案的结合可以控制土壤盐度并且保持可持续性的作物生产(Smedema et al.，2004；UNESCO，2009)。

由于气候变化，全世界如今正在经受着更长的干旱期以及更高强度的降雨和风暴事件。这些都导致了防止水土流失的自然植被逐渐减少，但是随着植被的减少以及水分耗散增加，土壤逐渐被水力和风力侵蚀。土地退化是土壤侵蚀、土壤盐渍化、化学污染、荒漠化养分消耗以及水资源短缺等多种进程的综合结果（表 2.2）（Riesbeck，2016a，2016b，2017a)。植树造林、有毒化学物土壤污染以及土壤盐渍化都是引起土壤退化的人为原因，也间接导致了可用于粮食生产的农田的减少。

表 2.2　灌溉水质对土壤、植物和水资源产生影响的关键因素

土壤	根区盐度
	土壤结构稳定性
	土壤污染物累积情况
	土壤污染物向作物和草场的释放情况
植物	产量
	耐盐度
	特定离子耐受度
	叶面受伤情况
	人类消费品中摄取的有毒物质
	病原体污染
水资源	根区以下深层排水和淋溶作用
	盐分、营养物质和污染物向地下水和地表水的移动

2.2.1　将废水作为解决方案

在许多国家，日益严重的水资源短缺问题，以及水污染控制手段的出现使得市政和工业废水处理成为了一种增加现有供水水源的合适且经济的措施。尤其是在与海水淡化或发展包括大坝和水库在内的新水源等昂贵的方案相比较时，其优点更为突出。

处理过的废水可以用于各种非饮用途径。处理过的废水（也称为再生水或循环水）的主要用途包括农业灌溉、景观灌溉、工业再利用和地下水再补给。农业灌溉曾经是、现在是而且很可能仍将是最大的再生水利用途径，并对解决食物短缺具有公认的益处和贡献。

全世界大部分的再生水都用于农业。农业也是目前为止最大的耗水产业。由于用水竞争日益激烈，农民们经常选择使用原水或稀释过的废水进行一系列的农作物灌溉（Qadir et al.，2013；Tessaro et al.，2016)。在全球范围内，废水的农业利用是一种日益增长的现象，特别是在人口密度持续增长的地区以及由于商品和服务消费而导致淡水缺乏的地区(Mekonnen et al.，2016；Pfister et al.，2017)。因此，由于有助于解决全球淡水短缺问题，废水的再利用得到了广泛支持。例如，许多发展中国家（如阿根廷、中国、塞浦路斯、约旦、墨西哥、西班牙、突尼斯和沙特阿拉伯）以及一些发达国家（如澳大利亚）的水资源短缺地区正在日常实践中使用废水进行浇灌（Devi，2009）。另外，废水也可用于例如工业需求、城市和景观灌溉、地下水补给以及湿地重建等多种其他用途（Hamilton et al.，2006）。将废水的使用划分为三大类（UNW - DPC，2012）：

（1）直接使用处理过的废水。

（2）从排放废水的河道中提水，间接使用未经处理的废水。在这种情况下，农民极有可能意识不到水污染。

（3）使用污水排放口排出的污水进行农田浇灌，直接使用未经处理的废水。

只要满足了一定的质量标准，处理过的城市废水可以用于所有种类的浇灌用途。废水使用除了有这些好处之外，也会对健康和环境产生不利影响，这取决于处置水平、灌溉类型和现场条件。值得注意的是，尽管已经对人类健康产生了不利影响，某些发展中国家却仍然在使用未处理的污水进行农业灌溉（Agyei et al.，2016）。使用未处理的污水或部分稀释过的废水进行灌溉的耕地总量在 50 个国家共有数百万公顷，约占这些国家总灌溉面积的 10%。

2.2.2 局限性与风险

在大多数情况下，每一次人为使用都会改变可用水资源的数量和质量，并且污染物会对人类的进一步用水和水生态产生负面影响。保护和修复河流、湿地、森林和土壤等生态系统，可以通过自然拦截、过滤、储存及释放水以供农业作物生产，对于增加可用优质水来说是至关重要的。

对废水的不充分控制也意味着人们将经常处于低质量的环境中。河流及其他水域中累积的排泄物污染增加的不只是人类的风险，其他物种以及环境生态平衡也将受到影响及威胁。排放未经处理的废水将通过以下几种途径对人类健康产生影响：①污染饮用水源；②污染物进入食物链，例如水果、蔬菜、鱼类及贝类等；③通过洗浴用水、娱乐用水和其他方式接触污水；④为苍蝇以及传播疾病的其他昆虫提供繁殖场所。

即使经过生物处理，市政废水也含有包括病原体在内的大量微生物（如细菌、病毒、寄生虫、虫卵等）。因此，废水再利用的关键是阻断传染病传播的可能性。

污水为许多传染病（如霍乱、伤寒、传染性肝炎、脊髓灰质炎、隐孢子虫病及蛔虫病等）提供了潜在的传播途径。成为疾病传染媒介并不是与废水相关的唯一问题，废水中的重金属、毒性有机物及无机物也有可能会对人类健康和环境造成威胁，特别是将工业废物混合在废水中进行排放。

废水再利用于灌溉和农业活动会造成风险是已经存在的事实，废水灌溉也会引起新鲜农产品食源性病原体污染（De Keuckelaere et al.，2015）。例如，收割期后对新鲜采摘农产品的清洗、进一步的加工或准备过程，也有可能会造成交叉感染（Holvoet et al.，2014；MacDonald et al.，2011）。根据 Harder 等（2014）的研究，农产品加工过程中存在多种微生物污染来源，包括人工卫生条件不足、处理不善、设备污染以及野生生物等。Vergine 等（2015）强调指出，如果用处理过的废水灌溉农田，短期内就会存在健康风险。表层土壤和蔬菜里的病原生物通过自然过程（死亡、日光消毒、降雨、向下层转移等）减少，并且受多种土壤和环境变量影响，例如土壤质地、有机质、pH 值、温度、水分含量和营养成分等。因此，这不仅是废水灌溉的风险和农产品新鲜农产品的病原体污染的问题，还有其他因素的作用。

废水利用风险评估的一个重要方面是它可能会成为人类传染疾病的途径（Riesbeck et al.，2015；Riesbeck，2016c，2016d，2017c）。如图 2.2 所示，微生物无处不在，在全世界所有地方通过风、水以及其他各种途径进行传播。人体内大约生活着 100 万亿个微生物，它们有助于基本生理功能，例如免疫系统以及消化系统功能等。

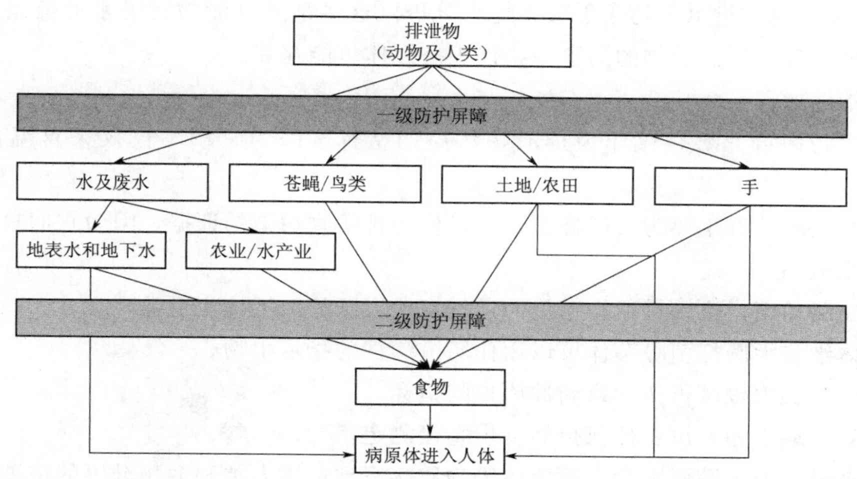

图 2.2　一级防护屏障及二级防护屏障干涉病菌感染人类途径示意图

只有一小部分寄生虫是致病的，即这些生物可以导致植物、动物或人类疾病（表 2.3）（Riesbeck et al.，2015；Riesbeck，2016b）。随人类和动物排泄物释放的粪口传播病原体，除少数外，不会在经过处理的废水中进行繁殖。它们可以在适宜的环境中生存数天、数周，有些甚至可以在这种环境中生存数月。例如，细菌“耐热大肠菌群”可以在淡水和咸水（少于 60 天，通常少于 30 天）、农作物（少于 30 天，通常少于 15 天）、土壤（少于 70 天，通常少于 20 天）中生存。原生动物囊“隐形孢子虫”可以在淡水和咸水（少于 180 天，通常少于 70 天）、农作物（少于 3 天，通常少于 2 天）、土壤（少于 150 天，通常少于 75 天）中生存。蛔虫卵可以在咸水、淡水和土壤中存活数年，然而在农作物中却最多只能存活 60 天，通常少于 30 天。

同样，硝酸盐会在地下水源中累积至高浓度。营养物质也可能会导致水源富营养化（营

表 2.3　部分可以通过废水直接或间接引起疾病的人类和动物病原体

类型	病原体	疾病
细菌	伤寒杆菌	斑疹伤寒症
	志贺氏杆菌	菌痢
	致病性大肠杆菌	肠炎、肠毒血症
	绿脓杆菌	皮炎、中耳炎
	霍乱弧菌	霍乱
病毒	脊髓灰质炎病毒	脑膜炎
	甲肝病毒	肝炎
原生动物	痢疾变形虫	阿米巴痢疾
	肠兰伯氏鞭毛虫	兰伯氏痢疾
	隐孢子虫	隐孢子虫病
蠕虫	蛔虫	盘虫感染
	绦虫	绦虫感染

养过剩)。这有可能会导致藻类和蓝藻细菌的过度繁殖。毒性蓝藻细菌产生的有毒物质会对生态系统和人类健康产生一系列不良影响。

2.3 卫生指标

人类病原体的多样性以及大部分来自粪便的病原体是指标这一概念(Mayer et al.,2016)。一般来说,指示生物用于微生物水分析。这些都是排泄物污染水的证据,因为它们总是大量出现在温血动物的肠道中,代表病原体可能存在。

具体指标如下:

(1)大肠菌群总数,仅作为排泄物污染的指标,因为它们不仅仅来自温血动物的肠道。

(2)粪大肠菌群主要为大肠杆菌,可以作为排泄物污染的证据,因为它们只存活于温血动物的肠道。

(3)粪肠球菌,也是排泄物污染的证据(比大肠杆菌抵抗力更强)。

(4)体细胞大肠杆菌噬菌体可以用作肠道病毒的指示生物。

(5)产气荚膜梭菌可作为致病性原虫的指标。

(6)对于蠕虫卵,没有任何指标可供直接测定。

一般来说,如果灌溉水含有病原体等物质达不到危害人类和动物健康的浓度,则可以认为灌溉水在卫生上是安全的。

地表水和处理过的废水应该按照不同的应用方式进行不同的论证(Mikola et al.,2016;Kistemann et al.,2016;Schuster-Wallace et al.,2017)。在灌溉用水之前和用水过程中,应该进行水分类研究。在计划阶段必须考虑这些因素进行。地下水通常在卫生上是安全的。如果对污染有合理的怀疑,就应该进行进一步调查。如果怀疑污水受到了污染,或超出了所列的微生物值(表2.4)CDIN-19650-1965,则需要额外补充测试。当自然水体地下水超过以下标准时,则需要特别注意:

如果无法获得腐生指数(通过安全的实验室方法),则按相关性考虑下面三项指标:①氨含量超过1mg/L(NH_4);②BOD_5约为10mg/L(O_2);③COD超过60mg/L(O_2)。

表2.4　灌溉用水的卫生-微生物学分类及应用

适应性等级	应　用	粪链球菌菌落数量/100mL(根据饮用水和洗浴用水指令)[①]	大肠杆菌菌落数量[①]	沙门氏菌/1000mL(根据DN 38414—13)	潜伏期的人类和宠物寄生虫[②]/1000mL
1(饮用水)	无限制的所有温室和农田作物	低于检出限度	低于检出限度	低于检出限度	低于检出限度
2[③]	原始消耗的室外和温室作物 学校运动场、公园	≤100[④]	≤200[④]	低于检出限度	低于检出限度

续表

适应性等级	应　用	粪链球菌菌落数量/100mL（根据饮用水和洗浴用水指令）①	大肠杆菌菌落数量①	沙门氏菌/1000mL（根据DN 38414—13）	潜伏期的人类和宠物寄生虫②/1000mL
3③	人类消耗之外的温室作物 水果坐果、蔬菜收获两周前的农田作物原始消耗量 储藏用水果和蔬菜量（水果/蔬菜罐头） 收割或放牧两周前的草场或绿色草料 所有其他不受限制的室外作物 其他运动场	≤400	≤2000	低于检出限度	低于检出限度
4③,⑤	收获两周前的工业加工和播种用糖类、淀粉类土豆、油料种子和非粮食作物 谷物乳熟期前（不可生吃） 收获两周前的储藏用饲料	至少经过生物处理阶段的废水			对于肠道线虫，没有可行的标准建议 对于绦虫期：低于检出限度

注 ① 按照正常程序对洗浴用水进行微生物分析。

② 在保证人类和动物健康的必要范围内，根据世界卫生组织的建议，对肠道线虫（蛔虫和鞭虫属以及蠹虫）或绦虫生存阶段的灌溉用水进行调查。

③ 如果通过灌溉方法预防了农作物食用部分的潮湿，那么就没必要对微生物卫生适应性等级进行限制。

④ 尽可能降低数值，并且“考虑各事例的具体情形，根据技术状态，采取合理的措施”（根据《饮用水和洗浴用水标准》第2章第3段）。在灌溉过程中必须保证工作人员和公众不受伤害。

⑤ 在进行喷灌时，必须运用保护措施保证工作人员和公众没有危险。

2.4 需求适配方式

“需求适配”是一种重要的新型水资源再利用概念，即根据目标终端用户的需求进行再生水水质处理。在再生水用于灌溉的条件下，再生水水质可以按照植物生长适应的类型进行匹配。因此，水资源再利用的预想应用场景决定了废水处理所要求的等级，并且反推出废水处理的加工过程和操作方法。决定再生水用于灌溉的适应性的主要水质因素是病原体含量、盐度、碱度、特定离子含量、其他化学元素以及营养成分。当地健康部门有责任根据核准用途确立水质阈值，并且有责任制定符合本地特点的操作规程来确保健康及环境安全。国际标准化组织（International Standard Organization，ISO）

指南中提供了用于灌溉的再生水利用项目所需要注意的因素，无论其项目规模、地点以及复杂程度如何，它适用于给定项目中预设的再生水用途，尽管这些用途可能会在项目周期内由于项目本身或适用法律的变更而发生变化。根据ISO指南，可以确保废水的灌溉回用项目的健康、环境以及安全的关键因素如下［《废水灌溉导则　第一部分：废水灌溉工程基础》(ISO－16075－1 2015)；《废水灌溉导则　第二部分：工程建设》(ISO－16075－2 2015)］。

(1) 对处理后的废水质量进行严密检查，以确保系统功能按规划设计运行。

(2) 设计并跟踪更新灌溉系统说明书，以确保系统长期稳定运行。

(3) 确认废水处理后的水质和分配方法与预设土壤和作物之间的兼容性，以确保有效利用土壤，并保证不对农作物的生长造成损害。

(4) 确认废水处理后的水质和用途，来防止或最大程度上减少对地表水和地下水源可能造成的污染。

2.5 小　　结

废水的再利用如今在全世界范围内都得到了广泛应用，这是因为它有助于解决由于水资源短缺而引起的全球性问题。很明显，发展中国家以及发达国家的缺水地区都同样在废水上投入了更多精力，将废水回用作为解决水资源短缺问题的方案。另外，废水可以再利用于农业生产、重工业生产、城市景观植物灌溉、地下水补给以及湿地修复等。通常来说，处理过的市政废水如果达到水质标准，就可以被应用于所有灌溉场景。废水的农业生产用途具有重要意义，特别是在由于人口密度增加而导致淡水资源短缺的地区。“需求适配”的废水处理方式越来越实用，它意味着可以根据预设的终端用户需求来进行废水处理。在废水用于农业灌溉的条件下，再生水质可以按照种植的作物种类进行预设适配。因此，预设的水资源再利用场景可以用来控制废水的处理等级，并反推出废水回收过程和操作工艺的可靠性。

参 考 文 献

Agyei, P. A., & Ensink, J. (2016). Wastewater use in urban agriculture: an exposure and risk assessment in Accra, Ghana. *Journal of Science and Technology (Ghana)*, *36*, 7－14.

Dale, V. H., Kline, K. L., Buford, M. A., Volk, T. A., Smith, C. T., & Stupak, I. (2016). Incorporating bioenergy into sustainable landscape designs. *Renewable and Sustainable Energy Reviews*, *56*, 1158－1171.

de Fraiture, C., Molden, D., & Wichelns, D. (2010). Investing in water for food, ecosystems, and livelihoods: An overview of the comprehensive assessment of water management in agriculture. *Agricultural Water Management*, *97*, 495－501.

de Keuckelaere, A., Jacxsens, L., Amoah, P., Medema, G., McClure, P., Jaykus, L.－A., et al. (2015). Zero risk does not exist: Lessons learned from microbial risk assessment related to use of water and safety of fresh produce. *Comprehensive Reviews in Food Science and Food Safety*, *14*, 387－410.

Devi, M. G. (2009). *A framework for determining and establishing the factors that affect wastewater treatment and recycling*. Citeseer.

DIN-19650. (1999). *Hygienic concerns of irrigation water "Definition of suitability classes classes"*. Deutsches Institut für Normung e. V.

Du Plessis, A. (2017). Global water availability, distribution and use. In *Freshwater challenges of South Africa and its Upper Vaal River*. Springer.

FAO. (2017). *The future of food and agriculture – Trends and challenges*. Rome.

Gawith, D., Hill, D., & Kingston, D. (2017). Determinants of vulnerability to the hydrological effects of climate change in rural communities: Evidence from Nepal. *Climate and Development*, *9*, 50-65.

Gosling, S. N., & Arnell, N. W. (2016). A global assessment of the impact of climate change on water scarcity. *Climatic Change*, *134*, 371-385.

Gray, J., Holley, C., & Rayfuse, R. (2016). *Trans-jurisdictional water law and governance*. Routledge.

Hagihara, Y., & Hagihara, K. (2016). Water resources conflict management: Social risk management. In *Coping with regional vulnerability*. Springer.

Hamilton, A. J., Versace, V. L., Stagnitti, F., Li, P., Yin, W., Maher, P., et al. (2006). Balancing environmental impacts and benefits of wastewater reuse. *WSEAS Transactions on Environment and Development*, 2, 117-129.

Harder, R., Heimersson, S., Svanström, M., & Peters, G. M. (2014). Including pathogen risk in life cycle assessment of wastewater management. 1. Estimating the burden of disease associated with pathogens. *Environmental Science and Technology*, *48*, 9438-9445.

Harper, C., & Snowden, M. (2017). *Environment and society: Human perspectives on environmental issues*. Taylor & Francis.

Helander, H. (2017). Geographic disparities in future global food security: Exploring the impacts of population development and climate change.

Holvoet, K., de Keuckelaere, A., Sampers, I., van Haute, S., Stals, A., & Uyttendaele, M. (2014). Quantitative study of cross-contamination with *Escherichia coli*, *E. coli* O157, MS2 phage and murine norovirus in a simulated fresh-cut lettuce wash process. *Food Control*, *37*, 218-227.

ISO-16075-1. (2015). *International Standard (ISO 16075-1): Guidelines for treated wastewater use for irrigation projects—Part 1: The basis of a reuse project for irrigation* (1st ed.).

ISO-16075-2. (2015). *International Standard (ISO 16075-2), 2015-part 2: Guidelines for treated wastewater use for irrigation projects—Part 2: Development of the project* (1st ed.).

Kistemann, T., Schmidt, A., & Flemming, H.-C. (2016). Post-industrial river water quality—Fit for bathing again? *International Journal of Hygiene and Environmental Health*, *219*, 629-642.

Liu, J., Dorjderem, A., Fu, J., Lei, X., & Macer, D. (2011). *Water ethics and water resource management* (Ethics and Climate Change in Asia and the Pacific (ECCAP) Project, Working Group 14 Report). UNESCO Bangkok.

MacDonald, E., Heier, B., Stalheim, T., Cudjoe, K., Skjerdal, T., Wester, A., Lindstedt, B., & Vold, L. (2011). Yersinia enterocolitica O: 9 infections associated with bagged salad mix in Norway, February to April 2011. *Euro Surveill*, *16*.

Mayer, R., Bofill-Mas, S., Egle, L., Reischer, G., Schade, M., Fernandez-Cassi, X., et al. (2016). Occurrence of human-associated Bacteroidetes genetic source tracking markers in raw and treated wastewater of municipal and domestic origin and comparison to standard and alternative indicators of faecal pollution. *Water Research*, *90*, 265-276.

Mekonnen, M. M., & Hoekstra, A. Y. (2016). Four billion people facing severe water scarcity. *Science advances*, *2*, e1500323.

Mikola, A., & Egli, J. (2016). Keeping receiving waters safe: The removal of PFOS and other micro pollutants from wastewater. *Proceedings of the Water Environment Federation*, *2016*, 3602 - 3612.

Parekh, A. (2016). Journey of sustainable development by private sector actors. In *Water security, climate change and sustainable development*. Springer.

Pfister, S., Boulay, A. - M., Berger, M., Hadjikakou, M., Motoshita, M., Hess, T., et al. (2017). Understanding the LCA and ISO water footprint: A response to Hoekstra (2016) "A critique on the water - scarcity weighted water footprint in LCA". *Ecological Indicators*, *72*, 352 - 359.

Postel, S. (1999). *Pillar of sand: Can the irrigation miracle last?* WW Norton & Company.

Qadir, M., Drechsel, P., & Raschid - Sally, L. (2013). *Wastewater use in agriculture*.

Riesbeck, F. (2015). *Irrigation and drainage—Worldwide techniques, technologies and management* (First draft). Study Report. Part II. "Drainage". Berlin, Germany: Humboldt Universität Berlin.

Riesbeck, F. (2016a). *Guideline for the management and evaluation of application of irrigation for Khuzestan province according to the recommendation of the German Association for Water, Wastewater and Waste (DWA)* (Study Report). Berlin, Germany: Humboldt Universität Berlin.

Riesbeck, F. (2016b). *IRRIGAMA—The web - based Information and Advisory system for environmentally friendly and economically efficient Control of irrigation use in Agriculture and Horticulture in Germany*. Berlin: Humboldt Universität Berlin.

Riesbeck, F. (2016c). *River management with the emphasis on water quality, qualified summary of the study "Impacts of pollutants on water quality"; "Source of pollutants, toxicology, risk factor identification and assessment—Total maximum daily load (TMDL)" (Second draft)*. Berlin: Humboldt Universität Berlin.

Riesbeck, F. (2016d). *Water reuse assessment and technical review on the effects of disposing drainage water into the environment*. Berlin: Humboldt Universität Berlin.

Riesbeck, F. (2017a). *Irrigation and drainage management in Khuzestan with emphasis on water use efficiency—Decision support system (DSS) for irrigation and drainage management*. Berlin: Humboldt Universität Berlin.

Riesbeck, F. (2017b). *Overview of technique & technologies of wastewater treatments* (Final draft). Berlin: Humboldt Universität Berlin.

Riesbeck, F. (2017c). *River management with the emphasis on water quality, qualified summary of the study "Impacts of pollutants on water quality"; "Source of pollutants, toxicology, risk factor identification and assessment—Total maximum daily load (TMDL)"* (Final draft). Berlin: Humboldt Universität Berlin.

Riesbeck, F., & Rahman, Z. (2015). *Water reuse - ein Risiko für den Verbraucher?* Korrespondenz Wasserwirtschaft. DWA.

Schuster - Wallace, C. J., & Dickson, S. E. (2017). Pathways to a water secure community. In *The human face of water security*. Springer.

Smedema, L., Vlotman, W., & Rycroft, D. (2004). *Modern land drainage: Planning, design and management of agricultural drainage systems*. London: Taylor and Francis Group.

Tessaro, D., Sampaio, S. C., & Castaldelli, A. P. A. (2016). Wastewater use in agriculture and potential effects on meso and macrofauna soil. *Ciência Rural*, 46, 976 - 983.

UNESCO. (2009). *Water in a changing world* (The United Nations Development Report 3). Paris: UNESCO Publishing, und London: Earthscan: UNESCO.

UNW - DPC. (2012). Mid - term - proceedings on - capacity development for the safe use of wastewater in agriculture. In Ardakanian, R., Sewilam, H., & Liebe, J. (Eds.), *UN - Water decade programme on capacity development* (*UNW - DPC*).

Vergine, P., Saliba, R., Salerno, C., Laera, G., Berardi, G., & Pollice, A. (2015). Fate of the fecal indicator *Escherichia coli* in irrigation with partially treated wastewater. *Water Research*, *85*, 66 - 73.

Zhou, Y., Ma, J., Zhang, Y., Qin, B., Jeppesen, E., Shi, K., et al. (2017). Improving water quality in China: Environmental investment pays dividends. *Water Research*, *118*, 152 - 159.

第3章

废水灌溉对土壤与农作物的影响

Md Zillur Rahman，Frank Riesbeck 和 Simon Dupree

从未经处理和稀释的废水到由各种城市、工业和农业活动产生的废水，用于农业灌溉的废水涵盖了不同类别。通常用于灌溉的废水几乎很少考虑废水质量和土壤条件，因此，实施废水的灌溉选择要以土壤和地质特性以及种植的农作物种类为基础。本章旨在探讨灌溉废水的质量对土壤和农作物的影响，也概述了成功使用废水灌溉的基本技术要求。

关键词： 废水灌溉，水体质量，土壤条件，营养元素，盐度，钠害，土壤 pH 值，碱度

3.1 引　　言

土壤通常是含有营养成分和水分的复杂混合体，是植物生长的理想场所。因此，保证土壤质量的重要性等同于保护农作物的丰收和植物的产出。然而，随着城市化进程的加快、工业的发展和经济活动的增加，废水产量日益增长。在很多情况下，这些废水会经过适当处理或者未经处理直接排放，有些时候这些废水会用于农业生产活动。即使经过处理，这些灌溉废水也会影响土壤的物理、化学和生物条件，可以直接或者间接影响农作物的产量。

然而，废水灌溉对土壤的影响不仅取决于灌溉废水的水质，还取决于土壤的特性，例如土壤的质地（沙、粉土和黏土）、结构以及土壤的 pH 值。此外，土壤的导水率、持水能力、地下水位和土壤水分下渗速率也易受到废水灌溉的影响。

例如在黏性土壤中水的流动能力会降低，并且如果在黏性土壤中的重金属含量增加，则会使得土壤的 pH 值降低。

因此，为了确保在农业生产中有效地利用再生水（TWW）而不会对土壤或者地下水带来危害，使用废水灌溉的农田在选择时必须要基于合适的农作物类型、土壤条件、水文和气候条件以及灌溉废水的质量来决定（Lijo et al.，2017；Santos et al.，2017）。此外，地表径流、地下水运移、喷灌引起的毛细水的上升和运移也在废水灌溉的农田选择中扮演着重要角色（图 3.1）。

在这种条件下，本章的主要目的是阐释废水的质量（物理化学性质）的影响。废水的物理化学性质（废水的质量因子）在决定土壤和农作物产出方面的影响具有十分重要的意义。在干旱和半干旱地区，由于蒸发速率较高，化学性质的富集速率要高于湿润地区。

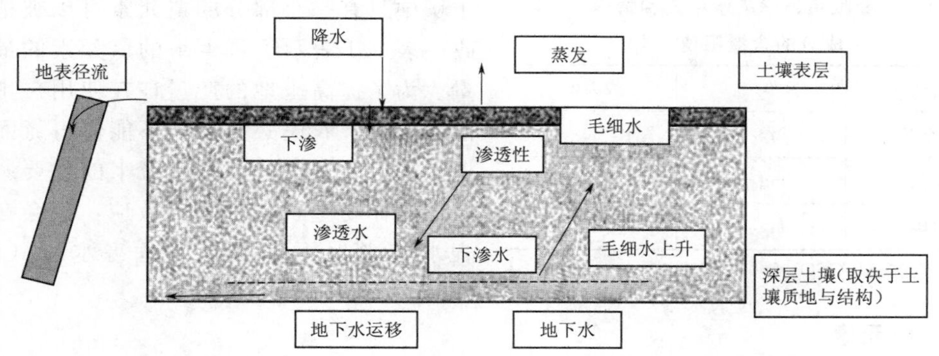

图 3.1　土壤水分性质（只展示主要因素）

废水具有很多的组成成分，根据世界卫生组织（WHO）（2006）统计，能够对土壤和农作物产生影响主要因素是：

①营养成分（氮、磷、钾）；②盐、金属、病原体；③有毒有机化合物；④有机物；⑤悬浮固体；⑥酸碱度（pH 值）。

下面将会对这些因素进行详细讨论。

3.2　营　养　成　分

再生水（TWW）中的营养成分包含其他化学元素，这些化学元素的含量通常比在淡水中的含量要高（ISO - 16075 - 1 2015；ISO - 16075 - 2 2015）。但也包含氮、磷、钾等宏量元素。在某些情况下，当再生水直接排放到环境中时，富营养化负荷水体会恶化地表水质量（Auvinen et al.，2016）。另外，处理后的废水中含有的营养成分有助于农民减少化学肥料的使用。然而在用处理后的污水中的营养成分替代化学肥料之前要考虑质量、可用性和使用时间三个主要问题（ISO - 16075 - 1 2015），例如，人们应该问：

（1）数量：再生水提供的营养成分数量能否满足植物生长的需要？

（2）有效性：再生水提供的营养成分能否与通常化学肥料提供的营养一样被植物吸收？

（3）时效性：废水中营养物质的供给在什么时间节点对植物生产最有利？

因此，这个三个问题强调了评估水、土壤、农作物三者之间的关系以及在适合气候条件下使用处理后的废水。这不仅仅要考虑再生水中营养成分的浓度，也要考虑该地区的种植方式和气候条件。接下来简要介绍氮、磷、钾的概况。

3.2.1　氮元素

在农田使用再生水后，因为有来自处理后废水中氮元素的加入，会使得土壤中氮的含量增加。有机氮、来自再生水的铵根（NH_4^+）经过硝化反应会转化为硝酸盐（NO_3^- - N）（ISO - 16075 - 1 2015），最终可以使得来自再生水的氮元素取代化学肥料中的氮元素。值得一提的是，这种进程也取决于当地的种植方式、当地气候条件以及土壤条件。事实上，

表 3.1 灌溉用处理废水中三种营养成分的含量限值

名称	单位	最大值
铵态氮	mg/L	30
总氮	mg/L	35
总磷	mg/L	7

注 数据来源（ISO－16075－1 2015）。

土壤中只有一小部分的氮元素可以被植物吸收。表 3.1 表示了再生水的氮元素的最高含量。为了提高土地的产量，在使用再生水灌溉农田时，农民必须小心不能使得氮元素浓度过高。氮元素浓度过高带来的重要影响是降低农作物生长中的盐度效应，也会在与地表水或者地下水混合时危害水质（ISO－16075－1 2015）。

3.2.2 磷元素

绝大多数的植物不能完全吸收污水灌溉所带来的全部磷元素。上部土壤层中额外的磷存储量取决于土壤的性质，例如土壤的 pH 值。土壤的 pH 值也限制磷元素在土壤中的迁移并影响作用的时效性（ISO－16075－1 2015）。用于灌溉的再生水中磷元素含量的最大值为 7mg/L（表 3.1）。

3.2.3 钾元素

钾元素在土壤中的迁移相比磷元素更为有限。尽管与氮元素的作用相比影响较小，但高浓度的钾也可以降低盐分对农作物的影响（ISO－16075－1 2015）。

3.3 盐度与钠害

盐度指的是溶解在水体中盐的总量，水的盐度是影响灌溉水质的主要因素之一。盐分来源众多，例如来自于地下水上升带来的盐水或者海水入侵地下水含水层。除了盐度，再生水也含有较高浓度的无机溶解物质，例如总可溶性盐、钠、氯化物和硼。所有这些物质都会对土壤和作物产生损害（ISO－16075－1 2015）。

下面概述了在定义与盐度相关的处理废水质量时的三个主要参数（ISO－16075－1 2015）。这三个参数是：①渗透效应产生的总盐含量；②氯化物浓度、硼和一定特殊毒性的钠；③由土壤渗透性问题所产生的钠吸附率（SAR）。

不同作物对盐分的耐受度不同，不同作物的耐盐阈值所导致的作物减产率也不同。多余的盐分可以在根系周围形成高盐浓度差从而影响植物的有效水分的吸收。

3.3.1 盐度测定

盐度测量通常表示为电导率（EC），它是用数值来表示介质携带电能的能力（Rhoades et al.，1999）。在水溶液中，电导率和水中盐分总浓度密切相关，因此水的电导率被用来表示水中总溶解盐（TDS）浓度。电导率受温度的影响，温度每升高 1℃电导率大约增加 1.9%。因此，要确定参考电导率的温度，通常的定义温度是 25℃（Rhoades et al.，1999）。测量水体电导率的常用单位是：μs/cm 或 ds/m，其中 1000μs/cm＝1ds/m。

很显然，电导率对一些植物和农作物的影响更加明显，每种植物都有电导率的临界阈值，超过了这个值就会导致减产。盐含量对作物的影响见表 3.2。农作物的耐盐能力可以用它的相对产量来描述并构成盐度的连续函数（Tanji et al.，2002），如式（3.1）所示。如果灌溉水的盐分超过农作物的临界值，就会出现减产。以下方程式提供了用单位面积产量的产量潜力估算作为灌溉水盐分的函数。

$$产量/最高产量(\%)=100-b(EC_e-a) \tag{3.1}$$

式中 a——含盐量临界阈值，ds/m；

b——单位盐度增加的相对产量的损失，%；

EC_e——根部饱和土壤的平均电导率。

表 3.2　盐含量对作物的影响（以 EC 计）

类型	EC/(mS/cm)	盐含量/%	植　物　影　响
无盐	0～4	<0.15	盐的影响可以忽略不计，只对对盐极易敏感的作物有影响
轻度含盐	4～8	0.15～0.35	大多数作物减产
中度含盐	8～15	0.35～0.65	只对耐盐植物没有影响
重度含盐	>15	>0.65	只对极耐盐植物没有影响

3.3.2　盐度管理

安全使用再生水的灌溉实践主要包括以下步骤：

(1) 选择可以在现存条件或者盐度或者钠度可预测条件下获得满意产量的作物或者作物种类。

(2) 降低或者补偿在种子附近盐分积累的特殊种植法。

(3) 灌溉来保持土壤较高的湿度并实现土壤定期的过滤。

(4) 利用整地来提高土壤水分的均匀分布，调整土壤的渗透性、淋滤作用以及清除盐分。

当土壤中的盐分随着再生水灌溉而增加时，要防止盐分在根部的过度积累。为防止盐分在根部的过度积累需要用更多的水在植物的根区以下、土壤深处或者作物生长区以外的地方来淋滤盐分。这种额外的水被称为冲洗定额（LR），指的是部分土壤入渗水到达根部区域来将盐分控制在可接受的水平（ISO-16075-1 2015）（图 3.2）。

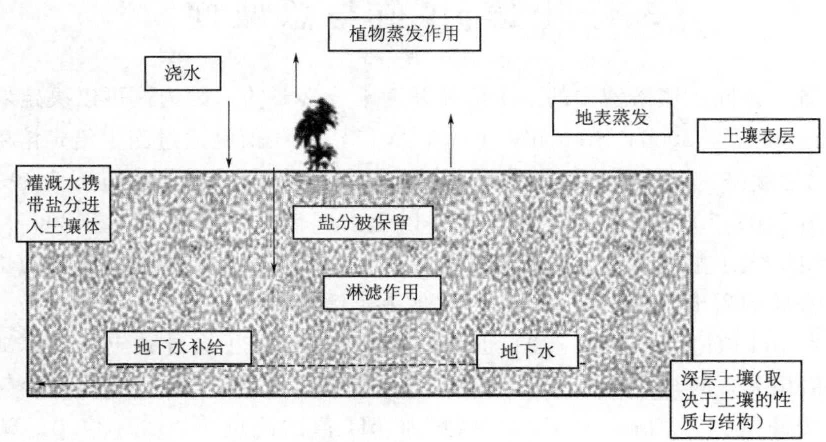

图 3.2　排盐过程示意图

对土壤排盐来说，很重要的一点是要知道排多少、什么时间排。从土壤中排盐的需水量主要取决于：①土壤和地下水中的含盐量；②盐类型；③排盐水的质量；④土壤的透水性；⑤灌溉系统的效率；⑥排盐的目标深度；⑦合适的排盐方法。

农业作物对盐分的敏感性和耐受性的一些例子见表3.3和表3.4。由表可知，菠菜是耐高盐（高达1000mg/L）的主要蔬菜之一，在观赏植物中常见的菊花和康乃馨耐盐水平较高，最高可达1000mg/L。

表3.3　不同盐度条件下适宜的耐盐植物种类

总含盐量/(mg/L)	轻度（上限500）	中度（上限750）	重度（上限1000）
种类	豆子、萝卜、花园萝卜、生食叶菜、胡萝卜	黄瓜、洋葱 甜椒、番茄	菠菜、芹菜

注　数据来源维基百科，2016。

表3.4　部分观赏植物的耐盐性

总含盐量/(mg/L)	非常低（150～250）	轻度（上限500）	中度（上限750）	重度（上限1000）
种类	蕨类植物 兰花 凤梨科 种子	杜鹃花科 苦苣苔科 天南星科 樱草	秋海棠 仙客来 小苍兰 玫瑰	菊花 康乃馨

注　数据来源维基百科，2016。

3.3.3　钠害

土壤钠质化对作物的危害比盐碱化导致的直接危害更为普遍。这是因为钠（吸附离子和电解质浓度）会损害土壤结构，破坏土壤的导水性，使得水分在土壤中的运移无序化，从而引起土壤排水与透气性问题（ISO－16075－1 2015）。例如像鳄梨、柑橘和落叶种树的李子、桃子、杏子这样的果树，会受到来自再生水灌溉带来的额外钠的浓度和钠的毒性的直接影响。通常用钠吸附率（SAR）参数来确定钠的危害。

3.4　土壤pH值与总碱度

测定灌溉水体同土壤溶液中的pH值和碱度十分必要的，因为这可以决定农作物栽培的成败（Dick et al.，2000；Stenchly et al.，2017）。pH值是通过测定给定溶液中的氢离子（H^+）的浓度来定义溶液的酸性或碱性（EPA，2006）。pH值的范围为0～14。中性水的pH值为7.0；7.0以下为酸性水；7.0以上为碱性水。通过EPA（2006）认为，其他几个因素也决定了水的pH值：①细菌活性；②水紊流状态；③进入水体的主要化学组分；④进入水体的溢出污水；⑤流域内外其他人类活动影响。

此外，在pH值过高（超过7.0）也就是碱度过高情况下会导致土壤营养缺乏。水的碱度与pH值相关，同时它也是衡量水中和酸度的能力（UMASS 2018）。换句话说，碱度是水体的缓冲能力（Turner 2017），碱度水pH值的跨度为7.0～14.0。碱度通常为ppm或者mg/L碳酸钙（$CaCO_3$）。导致水成碱性的主要成分有：①碳酸盐类（CO_3^{2-}）；

②碳酸氢盐类（HCO_3^-）；③可溶氢氧化物（OH^-）。

因此必须意识到，低 pH 值可能导致植物微量营养元素中毒，并损害植物根系。高碱度的碳酸氢盐类（HCO_3^-）和碳酸盐类（CO_3^{2-}）则会堵塞农药喷洒器和滴灌管灌溉系统的喷嘴（UMASS，2018）。在农业生产中，特别是在使用再生水灌溉时，农民对 pH 值和碱度的监测和控制是十分重要的。有时，农民不得不在灌溉水中添加酸，这需要通过 pH 值和碱度来确定酸的添加量。加酸实际就是加氢离子。因此，pH 值和碱度对计算正确数量的添加酸具有显而易见的重要性，这些酸必须添加到灌溉水中才能达到所需的 pH 值。

3.5 废水中的有毒离子、重金属和悬浮物

灌溉水的水质也可以由特定离子的毒性决定（Elgallal et al.，2016；Alemu et al.，2017），其中的一些离子在使用再生水灌溉时会对农作物产生危害。废水中最常见的可能带来毒性的离子是氯化物、钠和硼。

氯化物是植物生长的必备营养物质，也在植物生长的细胞分裂中承担着阳离子的运输。在使用处理后的废水灌溉的情况下，氯的毒性会增大，植物对其更敏感性。同样，硼也是植物生长和细胞分裂、伸长和核酸代谢等过程中必不可少的元素。然而，在使用再生水灌溉的情况下，硼元素是很常见的（ISO－16075－1 2015）。在再生水灌溉超量时，硼会对植物产生毒性，并且在非常低的浓度下产生毒性。例如，柑橘和黑莓硼的耐受浓度小于 0.5mg B/L，而小米、番茄、苜蓿、欧芹、甜菜和棉花的硼的耐受浓度大于 4mg/L（Riesbeck，2016）。

因此，农民必须确保使用再生水灌溉时水中有毒离子的含量是合适的（考虑毒性水平）。这可以通过适当的淋滤、减少使用含有氯化物或硼、钠的肥料、选择适当的作物和良好的农业措施来实现。这些都有助于避免离子毒性对土壤和作物生产产生损害。

此外，重金属浓度高的废水不适宜用于农业生产（Qureshi et al.，2016；Makoni et al.，2016；Woldettsadik et al.，2017）。重金属（比如镉、锌、铅、镍、铜、铂、银、钛等）因以下影响而闻名：①对植物生长有负面影响；②可以在植物中累积进入人类食物链；③可以在土壤中积累。

最后，在悬浮物方面，虽然废水中的悬浮物对植物的影响不大，但是对可持续灌溉系统有着重要的影响。例如，在使用现代灌溉技术时，悬浮固体会进入洒水、滴灌以及泵的管道系统，对其造成损坏。悬浮物会对现代灌溉系统造成重大问题并损坏系统自身，因此高质量的灌溉水体是滴灌系统所不可缺少的。

3.6 小　　结

尽管废水可以作为灌溉用水的代替品，然而，了解废水使用的科学环境和条件是很重要的。本章讨论并概述了废水灌溉所需的基本科学要求，特别是水质、土壤特性以及灌溉

水体质量如何影响作物产量和土壤物理条件之间关系。此外，在选择废水灌溉选址和种植作物之前测试灌溉废水的质量是至关重要的，因为土壤性质会在某些时期、某些水质的废水灌溉下发生显著变化。

参考文献

Alemu，M. M.，& Desta，F. Y.（2017）. Irrigation water quality of River Kulfo and its implication in irrigated agriculture，South West Ethiopia. *International Journal of Water Resources and Environmental Engineering*，*9*，127－132.

Auvinen，H.，Du Laing，G.，Meers，E.，& Rousseau，D. P.（2016）. Constructed wetlands treating municipal and agricultural wastewater－An overview for flanders. *Natural and Constructed Wetlands*. Belgium：Springer.

Dick，W. A.，Cheng，L.，& Wang，P.（2000）. Soil acid and alkaline phosphatase activity as pH adjustment indicators. *Soil Biology & Biochemistry*，*32*，1915－1919.

Elgallal，M.，Fletcher，L.，& Evans，B.（2016）. Assessment of potential risks associated with chemicals in wastewater used for irrigation in arid and semiarid zones：A review. *Agricultural Water Management*，*177*，419－431.

EPA. 2006. *Voluntary Estuary Monitoring Manua*：*Chapter 11*：*pH and Alkalinity*（2nd Edn.）. ISO－16075－1.（2015）. International Standard（ISO－16075－1）：Guidelines for treated wastewater use for irrigation projects—Part 1：The basis of a reuse project for irrigation，First edition.

ISO－16075－2.（2015）. International Standard（ISO－16075－2），2015－part 2：Guidelines for treated wastewater use for irrigation projects—Part 2：Development of the project，First edition.

Lijó，L.，Malamis，S.，González－García，S.，Fatone，F.，Moreira，M. T.，& Katsou，E.（2017）. Technical and environmental evaluation of an integrated scheme for the co－treatment of wastewater and domestic organic waste in small communities. *Water Research*，*109*，173－185.

Makoni，F. S.，The kisoe，O. M.，& Mbati，P. A.（2016）. Urban wastewater for sustainable urban agriculture and water management in developing countries. *Sustainable Water Management in Urban Environments*. Springer.

Qureshi，A. S.，Hussain，M. I.，Ismail，S.，& Khan，Q. M.（2016）. Evaluating heavy metal accumulation and potential health risks in vegetables irrigated with treated wastewater. *Chemosphere*，*163*，54－61.

Rhoades，J. D.，& Chanduvi，F.（1999）. *Soil salinity assessment*：*Methods and interpretation of electrical conductivity measurements*. Food & Agriculture Organization.

Riesbeck，F.（2016）. Guideline for the management and evaluation of application of irrigation for Khuzestan province according to the recommendation of the German association for water，wastewater and waste（DWA）. Study Report. Berlin，Germany：Humboldt Universität Berlin.

Santos，S. R.，Ribeiro，D. P.，Matos，A. T.，Kondo，M. K.，& Araújo，E. D.（2017）. Changes in soil chemical properties promoted by fertigation with treated sanitary wastewater. *Engenharia Agrícola*，*37*，343－352.

Stenchly，K.，Dao，J.，Lompo，D. J.－P.，& Buerkert，A.（2017）. Effects of waste water irrigation on soil properties and soil fauna of spinach fields in a West African urban vegetable production system. *Environmental Pollution*，*222*，58－63.

Tanji，K. K.，& Kielen，N. C.（2002）. *Agricultural drainage water management in arid and semi－arid areas*. FAO.

Turner, A. B. (2017). *Measuring inorganic carbon fluxes from carbonate mineral weathering from large river basins: The Ohio River Basin.*

UMASS. (2018). Water Quality: pH and Alkalinity [Online]. Available: https://ag.umass.edu/greenhouse-floriculture/fact-sheets/water-quality-ph-alkalinity (Site visited 24/01/2018).

WHO. (2006). *Guidelines for the safe use of wastewater, excreta and greywater*. World Health Organization.

Woldetsadik, D., Drechsel, P., Keraita, B., Itanna, F., & Gebrekidan, H. (2017). Heavy metal accumulation and health risk assessment in wastewater-irrigated urban vegetable farming sites of Addis Ababa, Ethiopia. *International Journal of Food Contamination*, 4, 9.

第 4 章

农业废水处理技术

Roland Knitschky 和 Hiroshan Hettiarachchi

农业废水处理是一项很复杂的任务。除了水质和处理技术相关的国家和国际规章、标准之外，还有许多其他限制因素需要考虑，例如财政资源和当地业务人员的业务水平。为了系统地简化选择过程，德国水、废水和废弃物协会（German Association for Water, Wastewater and Waste，DWA）于 2008 年开发了一种评估工具。该评估工具以矩阵（下文的 DWA 矩阵）的形式提出，该矩阵考虑了各种废水处理过程。在 DWA 矩阵中，流程中的每个步骤都按照不同的方面进行评估，例如排放质量、成本、材料和能源消耗、预防性维护费用等。对单个处理方法进行评估，使它们能够相互比较，并提供有关单个处理过程的风险信息，这些过程与水的再利用有关。本章的目的是介绍这一过程的背景信息，然后讨论如何将 DWA 矩阵用于农业水的再利用。

关键词： 农业、评估、灌溉、选择标准、处理技术、水的再利用、废水处理

4.1 介　　绍

废水是一种资源。在一些水资源紧张的国家，使用这种资源已经是一种普遍的做法。在未来，使用再生水将是许多国家持续水资源管理计划的一个基本组成部分，也可能成为适应气候变化的一个重要组成部分。废水的再利用可以很好地解决因用水量不断增加和水资源有限而造成的水资源短缺问题。然而，废水的处理等级必须考虑经济条件、用水计划以及与用水有关的潜在风险。许多国家（如澳大利亚、约旦和美国）加强了环境立法，在过去的 20 年里新的再利用指导方针为水的合理再利用提供了强大动力（DWA，2008）。

研究表明，受监管的再利用项目呈上升趋势（Asano，2007；AQUAREC，2006；Jimenez et al.，2008），然而再生水在全球用水总量中的占比仍然有限。图 4.1 显示了 2008 年全球最大再生水用户的再利用量。水资源再利用的潜在应用范围十分广泛，最大的需水量增加在于农业灌溉，其次是工业部门或城市旅游部门的其他应用，城市的应用主要涉及绿地和街道清洁（Asano，2007；Jimenez et al.，2008）。然而，关于全球用水数据中再生水的份额仍然有限。

现在有许多不同的废水处理技术。但是却难以抉择如何选择这些技术以及这些技术在什么条件下较为适用。德国水、废水和废弃物协会（DWA）率先填补了这一空白，发布了一条关于水的再利用的处理步骤技术报告（DWA，2008）。DWA 的报告并不局限于农业

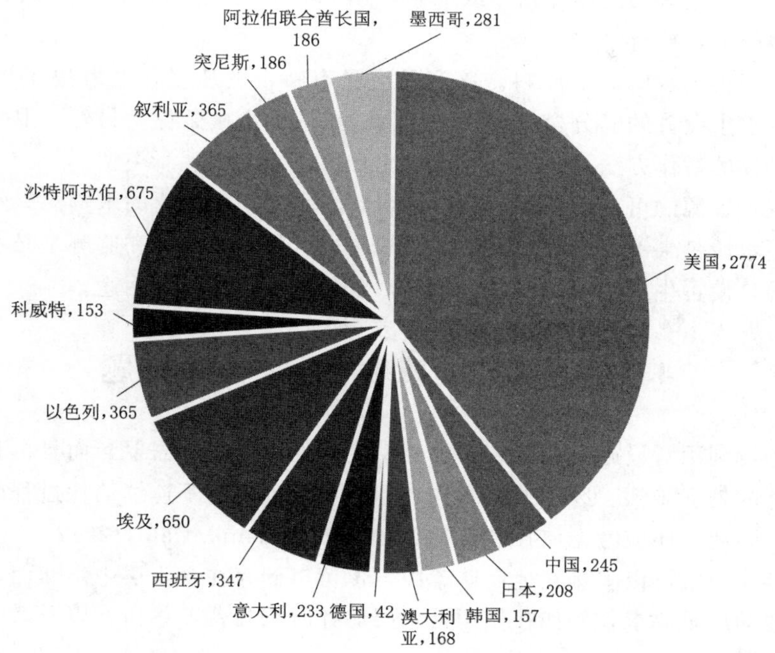

图 4.1　2008 年全球最大处理废水用户的再利用量（单位：$10^6 m^3$）

的再利用，但本书选取专门针对农业应用的相关部分。下一节提供一个指南，指导如何选择一个合适的处理技术。此外还将解释 DWA 矩阵是如何帮助废水管理领域的组织进行农业废水的安全利用（SUWA）业务。

4.2 农业中水利用

农业是全球范围内最大的用水户，见表 4.1。因此，利用废水来满足部分需求是合乎逻辑的，而且已经应用在实践中。超过 2 万 hm^2 的农业用地目前使用的是废水（Hettiarachchi et al.，2016），而且还将有一个巨大的增长潜力。

表 4.1　　竞 争 用 水

用途	全球水平/%	高收入国家/%	低收入国家/%
农业	70	30	82
工业	22	59	10
家庭	8	11	8

在许多发展中国家和地区，农业中使用未处理或处理不充分的废水是非常普遍的。特别是在城市或城市周边地区，来自当地居民的未经处理的废水被用于灌溉。废水不仅是免费的，而且废水中含有营养成分，除此之外废水的供应相对稳定。这三个因素的结合也使得废水在农业应用中有很高的再利用潜力。许多发展中国家和地区已经制定了水的再利用

质量标准（主要根据有关的国际指令或准则，见3.2节）。然而，很少有人关注这些质量标准在实践中的实际执行情况。

废水是生产再生水所需的原料。该产品应具有特定的质量，这取决于预期的最终用途，例如，废水中允许的养分含量取决于作物、季节和土壤条件。另外，卫生方面可能取决于灌溉农作物的耕作方法。同样，固体物质含量应取决于灌溉类型。

为了实现水资源的可持续管理，必须认识到废水是一种重要的水资源。然而，为了尽量减少重复用水所带来的所有风险，对水的使用进行相应的处理和监测是必不可少的。这种处理的目的是使再生水成为一种二次资源，以适合农业的具体用途。

4.3 选择处理技术时应考虑的问题

废水处理再利用对设施的要求超出了典型废水处理设施的需要，而且再利用的过程可能还需要额外的处理步骤。废水的不断注入和处理后废水的不连续消耗过程中也可能出现其他的问题。因此，还应考虑储存和使用计划（Fuhrmann et al.，2012）。这可能需要储存能力，储存能力既可以安排在地面储罐中，也可以储存在含水层中。然而，水的储存可能会导致其他的质量要求，例如在使用蓄水层储存时去除营养物质，以及微生物再污染等不同的质量问题。

为确保水的安全再用，一般会考虑下列既定的处理步骤：

（1）机械处理，例如筛分/筛选和沉淀。

（2）生物处理，例如活性污泥法、滴滤池、废水池、高流量厌氧污泥层（UASB）反应器、生物植物处理厂或人工湿地。

（3）合并的废水存储和处理池。

（4）过滤，沉淀/絮凝，膜技术和消毒。

上述处理步骤的技术流程已基本建立。少为人知的是当地的条件可能对废水回用基础设施的实施及运作构成挑战。废水回用工程的成功与否取决于处理步骤的选择和组合。还需要明确特定的回用限制需求。除了技术方面，还需考虑生态、体制、经济和社会方面的问题。接下来的几节中，将详细讨论社会方面的内容，但接下来的几节中，我们将简要讨论在决策中需要考虑的一些关键因素。

4.3.1 健康和环境

即使经过常规处理，城市污水中也经常含有对健康造成危害的物质。最常见的例子是人类致病微生物，如细菌、病毒、寄生虫和蠕虫卵等，以及残留的化学物质（AQUAREC，2006，WHO，2006；USEPA，2004）。一般来说应采取适当的消毒程序来去除、破坏或灭活病原体，使其减少到可接受的限度。有害无机盐和不易分解的人造有机物的使用也必须受到限制。

与所有其他用水类似，在农业中再生水的水质要有一定的保证。但是，水质的最低要求可能因应用而异。

农业灌溉的安全应用，应由相关监管机构制定具体的水质标准。应尽可能考虑来自既定国际准则的信息和建议，如 ISO－16075－1 2015、ISO－16075－2 2015 和 ISO 16075－3 2015)，世界卫生组织水再利用指南（2006）、粮农组织灌溉和排水文件 29 号文件“农业用水质量”（Ayers et al.，1985）。其中一些国际指南侧重于基于风险和多重保障的方法，这需要一个严格管理的实施路径（与“水质标准”的“更简单”定义相比）。与此同时，废水再利用标准应在国家水和卫生法规体系内进行协调，并且不应妨碍废水再利用的发展潜力，例如，通过使用废水中的营养成分促进植物生长。国家标准，如德国 DIN 19650“灌溉-灌溉水卫生问题”（DIN，1999），美国加州法规“22 条”（CCR，2015），美国环保局水再利用指南（USEPA，2012）可作为进一步的参考。目前欧洲的废水再利用标准正在制定。

选定的处理技术需要符合健康和安全要求，以保护处理设施的操作人员、使用经处理的废水的农民，以及使用再生水生产的产品的消费者。在健康风险意识和流行病学方面需要采取进一步措施。气味和气溶胶等其他问题也可能对健康产生影响。

对于健康问题，不仅要考虑处理技术的选择和操作过程，还要考虑农业中废水再利用的整个过程，甚至追溯到生产链的底部。

4.3.2 财务可持续性

将再生水用于农业应用是有吸引力的，但它确实是有代价的。水的生产会有投资和运营成本。附录 A.2 和 A.3 给出了详细的表格。只要由此产生的费用低于包括供水的动力成本在内的为地下水和地表水成本，便可作为支持此类做法的一个理由。

通过适当的价格管理不同类型的水，例如饮用水、家庭用水、工业用水和灌溉用水，这有助于更高效地利用水（Fuhrmann et al.，2012）。同样，人们可以鼓励农村和城市地区采用零排放的创新解决方案。欧洲水框架指令的原则要求废水消费者和污染者都为废水处理付费（DWA，2008）。根据 DWA（2008），根据用户支付能力和意愿设定的社会可承受能力和累进加价在功能上是有区别的。还应定期调整它们，以便为运营单位回笼资金。从长远来看，应涵盖高比例的成本，以确保废水再利用项目的经济可持续性。

理想情况下，操作和维护费用应由用户承担。投资者自己的资金、国家补贴或贷款可以用于发展新的废水的再利用项目。开发银行通常进行方案的可行性研究，研究可替代的概念和技术，并通过低息贷款为投资者（低投资或运营成本）和用户（适当的费用）提供廉价的解决方案来提供资金。

有许多协调性好、综合效益高的废水再利用项目的例子，通过应用推荐的导则，法规和标准，最终通过国家监管，采用了经济上可持续投资的方法。一些例子可以在 Aquarec（2006）、Emwis（2007）和 Lazarova et al.（2013）的著作中找到。新加坡、南非、澳大利亚和美国加州等缺水国家和地区的消费者已经在中长期内适应了区域可用的水资源的水质各不相同，价格也各不相同（DWA，2008）。

4.3.3 操作方面

即使是最好的技术也有相当大的风险。在废水处理、储存、分配和应用的过程中由于技术限制以外的原因不能按计划执行时，就会出现风险。除了良好的设备和技术，还需要训练有素的员工。农业回用系统的复杂的操作、所使用的水处理过程及基础设施的使用和维护，都需要相应的系统管理专业知识。

由于卫生方面的敏感性，参与这一进程的人员需要负有责任感。因此，招募合适的操作人员是很重要的。相关人员需要通过量身定做的培训取得操作资格。建议继续对相关人员进行后续的培训和检查，尤其是在实施后的最初几年。

但是，在一些国家和地区，由于各种原因，这些要求往往与实际情况相悖（DWA，2008；Fuhrmann et al.，2012），如：①机构职责不清楚；②分级和集中管理结构，对现场决策能力有限；③运作和维护的预算不足；④缺乏足够的运营资源，特别是设备备件、工具、能源和化学品；⑤人员能力不足，进一步培训的可能性有限；⑥不能激励员工的低工资；⑦未能满足改善员工形象的要求（从“污水处理人员”到“资源管理者”）。

这些条件对项目的实施提出了巨大的挑战，而废水回用项目的投资能否成功取决于如何解决这些问题。附录A.5简要概述了操作人员的要求。

4.3.4 技术方面

选择面向农业用途的废水处理技术应该能够解决以下问题（Fuhrmann et al.，2012）：卫生方面（保护健康）、生物可降解物质（避免气味）、无机物质（防盐）、营养元素（防止过度施肥）和固体浓度（关于灌溉系统的堵塞）。然而出于经济原因，处理技术的选择满足预期灌溉目标的最低要求即可。关于选择合适的水处理和分配技术的广泛参考实例可以在文献中找到（AQAREC，2006；Asano，2007；DWA，2008；Lazarova et al.，2013）。

处理的目的是要求使用典型的废水处理设施消除废水中的固体、有机物和养分（图4.2）。处理预期用途为灌溉水时，可能需要额外的处理步骤，因为在卫生、养分含量和固体物质浓度等方面有要求。

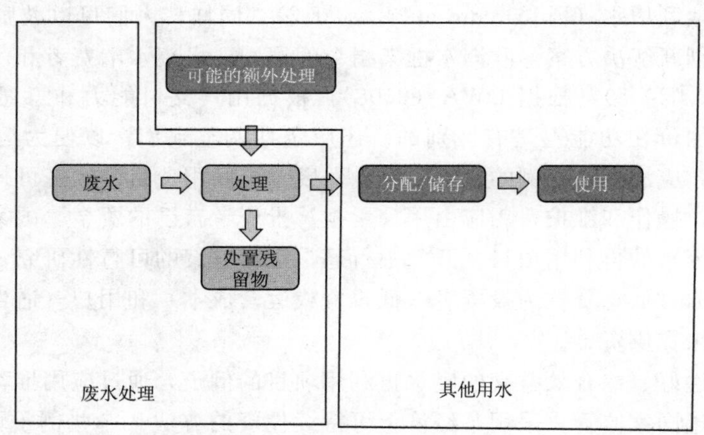

图4.2 常规废水处理系统边界和水回用附加方面（Firmenich et al.，2013）

上文已经提到了推荐用水回用控制处理技术（DWA，2008）。所有提到的处理过程都与废水回用目的相关，而且基本是成熟的技术。每种技术在处理过程中都具有特定的特征和功能；有些是可交替的，有些则是深度处理的过程。最后，在大多数情况下，为了达到了预期的结果，需要对这些处理过程进行组合。

但是，一些细节和特征可能对灌溉用水的基础设施的建设和稳定运行产生影响。机械化、稳健性和工艺稳定性在操作上影响排放质量以及残留物的积累，但这只是挑战中的一小部分（附录 A.6）。附录 B 中的 DWA 矩阵给出了重要的方向和概述。

4.4 处理技术的选择

以废水再利用为目的的废水处理应采用最适合具体应用目标的技术。在选择处理工艺时，应考虑各约束条件在当地条件下的变化。一般来说，前几节介绍的所有方面都应当得到适当的考虑，有了以上几节介绍信息，下一个问题是找到管理决策过程的最佳方法。

选择过程与回用项目的所有利益相关者都相关。它还涉及财务、运营、质量和风险管理等方面。因此，决策过程需要有条不紊、合乎逻辑并且高效。为了组织决策过程，DWA 废水再利用工作组 BIZ－11.4（DWA，2008）以评估矩阵的形式开发了一个工具。

这个矩阵（DWA 矩阵）在项目的主要决策阶段为计划者、设计者、专家甚至用户提供了帮助，并允许在进一步改进阶段进行合理定位。因此，它基本上提供了对可用选项的一般评估，可为适应当地条件的进一步调查提供支撑。DWA 矩阵支持技术透明并提出高效合理的决策，即使在专家知识有限的情况下也是如此。矩阵明确不会取代工程师的评估和量身定做的决策。

尽管目前的文献仅侧重于农业灌溉，但 DWA 矩阵的开发目的是满足一般的废水再利用需求。它涵盖广泛的应用领域，包括城市用途（例如公园灌溉、街道清洁、防护）和非饮用的家庭用途（例如厕所冲洗）。本版 DWA 矩阵不包括饮用水和工业用水以及基于雨污分流的替代处理。DWA 废水再利用工作组 BIZ－11.4 将在新一版本的指南中，纳入间接再利用和补给含水层等方面的内容。

DWA 矩阵介绍了废水处理的各个过程步骤，并为用户提供了在各个方面（例如排放质量、成本、材料和能源消耗、预防性维护支出等）比较、评估的机会。

4.5 DWA 矩阵的结构

图 4.3 显示了 DWA 评估矩阵的元素是如何组织的。表 4.2 简要介绍了附录 B 所示的 DWA 矩阵第 1 列所包括的内容。这些是 4.3 节中提出的准则。作为决策中要考虑的关键方面，每个方面都根据其性质和其他要求进行细分。这最终将第 1 列分解为 44 行（表 4.2）。每行的项目都在附录 A 中有明确的定义。DWA 矩阵的下一列包含废水处理的各种技术选项和工艺步骤。附录 B 所示的完整评估矩阵按技术主题分为以下五类：①机械处理；②处理池和水箱；③对操作人员有更高要求的生物过程；④过滤和絮凝工艺步骤；⑤消毒选择。

图 4.3 DWA 评估矩阵“水再利用的处理步骤”的要素

评估在诸如“高”“中”和“低”等类别中得到完善，并且部分由特定关键数据补充，例如能量消耗或特定废水参数的削减程度。详细信息参考于对参考文献中的评估以及 DWA 工作组 BIZ－11.4（DWA，2008）的专家意见。相邻每个字段的数字表示相关的来源，详细信息显示在附录 B 末尾提供的图例中。

4.6 小 结

国际上对废水的再利用潜力的认识正在不断增加。该专题是一项复杂而有益的任务，除了废水处理的技术问题外，还必须考虑许多其他不同方面的影响。

水资源短缺也为水资源再利用创造了一个不断增长的市场，特别是在农业灌溉方面。有必要实施额外的基础设施和技术，用于废水处理以及后续步骤，例如中间储存和创建节水灌溉技术。尽管在农业灌溉中重复使用的废水处理技术过程都是众所周知的，但还有许多其他因素尚未得到很好地反映，例如责任不明确、不确定应用哪些水质标准、预算不足以及缺乏训练有素的操作人员。这些因素对水再利用项目的实施及其可靠和平稳的运行提出了巨大的挑战。为了确保水再利用项目的可持续性，还必须考虑到许多其他方面，包括健康、生态、体制、经济和社会方面。

本书中介绍的 DWA 矩阵概述了用于再利用的废水处理的各种可能性，旨在成为一种快速简单的决策工具。尽管不应将其视为完美解决方案，但在大多数情况下都可以应用 DWA 矩阵来实现第一次粗略估计。即使在无法最大限度地获得专业知识的情况下，它也能够轻松地做出明智和有根据的决定。

致谢：作者希望向 DWA 工作组 BIZ－11.4 表示衷心的感谢，因为他们允许在本书中使用他们开发的材料。作者还要感谢同一工作组的主要成员 Peter Cornel 教授和 Tim Fuhrmann 博士协助审阅本书手稿。

附录A 表1中的行的定义

注：附录 A 和附录 B 中的表格和解释是直接摘录自 DWA 出版的《水再利用处理步骤》(DWA，2008)。DWA 矩阵中有 44 行。然而只有第 1～41 行直接适用于本书，第 42～44 行表示水再利用的非农业应用。

附表 A.1 带有评估参数的行标题

健康风险	水处理设施操作人员		1
	再利用水的使用者		2
经济效益	投资成本	建筑面积要求	3
		结构设计	4
		机械设计	5
		E＋MCR 科技	6

续表

<table>
<tr><td rowspan="5">经济效益</td><td rowspan="5">运营成本</td><td colspan="2">个人要求/支付</td><td>7</td></tr>
<tr><td colspan="2">能源要求/支付</td><td>8</td></tr>
<tr><td colspan="2">处理残留物</td><td>9</td></tr>
<tr><td colspan="2">经营资源（沉淀剂等）</td><td>10</td></tr>
<tr><td colspan="2">预防性维护费用</td><td>11</td></tr>
<tr><td rowspan="5">设施运营对环境的影响</td><td colspan="3">CH_4 排放</td><td>12</td></tr>
<tr><td colspan="3">气味滋扰</td><td>13</td></tr>
<tr><td colspan="3">噪声</td><td>14</td></tr>
<tr><td colspan="3">气溶胶</td><td>15</td></tr>
<tr><td colspan="3">昆虫（蠕虫，蝇等）</td><td>16</td></tr>
<tr><td rowspan="3">对操作人员的要求</td><td colspan="3">可操作性/运营支出</td><td>17</td></tr>
<tr><td colspan="3">预防性维护支出</td><td>18</td></tr>
<tr><td colspan="3">需要培训操作人员</td><td>19</td></tr>
<tr><td rowspan="17">处理技术</td><td colspan="3">机械化程度</td><td>20</td></tr>
<tr><td colspan="3">稳定性</td><td>21</td></tr>
<tr><td colspan="3">工艺稳定性</td><td>22</td></tr>
<tr><td colspan="3">能够在操作上影响排放质量</td><td>23</td></tr>
<tr><td rowspan="12">排放质量（处理性能）</td><td colspan="2">消除 COD/BOD</td><td>24</td></tr>
<tr><td colspan="2">减少 SS</td><td>25</td></tr>
<tr><td rowspan="3">营养素消除</td><td>氨</td><td>26</td></tr>
<tr><td>硝酸盐</td><td>27</td></tr>
<tr><td>磷</td><td>28</td></tr>
<tr><td rowspan="4">减少病原体</td><td>病毒</td><td>29</td></tr>
<tr><td>菌</td><td>30</td></tr>
<tr><td>原生动物</td><td>31</td></tr>
<tr><td>蠕虫</td><td>32</td></tr>
<tr><td colspan="2">颜色/气味</td><td>33</td></tr>
<tr><td colspan="2">残留浊度</td><td>34</td></tr>
<tr><td colspan="2">由于过程而盐析</td><td>35</td></tr>
<tr><td colspan="3">累积残留物</td><td>36</td></tr>
<tr><td rowspan="4">灌溉技术</td><td colspan="3">地下灌溉</td><td>37</td></tr>
<tr><td colspan="3">滴灌</td><td>38</td></tr>
<tr><td colspan="3">喷灌</td><td>39</td></tr>
<tr><td colspan="3">漫灌</td><td>40</td></tr>
<tr><td rowspan="4">适用类型</td><td colspan="3">农业灌溉</td><td>41</td></tr>
<tr><td colspan="3">非饮用水（厕所用水）</td><td>42</td></tr>
<tr><td colspan="3">城市用途（灌溉、防火用水）</td><td>43</td></tr>
<tr><td colspan="3">林业灌溉</td><td>44</td></tr>
</table>

（1）第1～2行：健康风险。

根据以下评级定性评估水处理设施操作人员和再利用水的使用者相关的健康风险：

评 级	备 注
高	例如，处理“危险”化学品
中	可能需要消毒
低	如果仅在预处理步骤期间进行使用

（2）第3～6行：经济效益——投资成本。

经济效益的详细信息具有一般性和可比性。评级为低、中或高只是为了对过程进行比较考虑。确定这些评级，并根据德国人均特征值（居民总人数和人口当量，PT）设定限额：

评 级	备 注
高	成本大于1000€/PT，表面要求高于1m^2/PT
中	成本大于600～1000€/PT，表面要求高于0.3～1m^2/PT
低	成本600€/PT，表面要求0.3m^2/PT

在很大程度上不需要提供具体的价值，因为这些价值通常是不可转移的。从一开始，每个项目都密切关注投资和运营成本，因为经济效益是评估的决定性因素。但是，经验表明，不同国家以及国家内不同地区的成本差别很大。在此，注意到以下约束条件：①市场条件和国家/地区的竞争状况；②所选技术的详细规格；③结构工程与所选技术的机械工程和/或设备的关系；④低工资国家的投资和运营成本中的人员成本份额；⑤运营资源的可用性和采购成本（能源、备件、消耗品、化学品等）；⑥需要拥有和/或动员高素质的人员进行预防性维护。

在评估矩阵中，投资成本分为地面工程、结构工程、机械工程和E＋MCR（电子、测量、控制和调节技术）。给定数值时，表面要求以m^2/PT为单位，因为基本价格因国家不同而有差异。

从根本上说，定量比较根据负载设计一些处理步骤，根据水力容量设计其他处理步骤。相应地，投资成本通常根据居民人数和人口当量（€/PT）或水力容量［(€/(m^3/h)］来确定。转换只在有限的范围内是可行的，并且只有在每个居民数量和人口当量的特定废水排放的假设下才有可能。

（3）第7～11行：经济效益——运营成本。

关于投资成本的一般性评论适用于所考虑的处理过程的运营成本，其细分如下：①人员或人员需求的成本；②能源或能源需求的成本；③残留物处理的成本（可能在德国条件的限制下）；④运营资源的成本，例如沉淀剂和浮游生物或其他化学品；⑤预防性维护的费用。

数值是指德国新建设施的成本。根据对投资成本的评论，其他国家的转换系数并未直接给出。

对于某些工艺，每立方米处理水的总运营成本按照以下评级给出：

评 级	备 注
高	花费为 0.4～0.8€/m^3
中	花费为 0.06～0.4€/m^3
低	花费小于 0.06€/m^3

能量需求以每立方米处理水的千瓦时给出。这些值在很大程度上是通用的，因此可以直接转换。

评 级	备 注
高	能量需求为 0.02～0.2kWh/m^3
中	能量要求为 0.002～0.02kWh/m^3
低	能源需求小于 0.002kWh/m^3

(4) 第 12～16 行：设施运营对环境的影响。

根据以下标准，定性评估水处理设施运行的环境负荷：①CH_4 排放（或气候破坏性气体的排放）；②气味滋扰；③声音/噪声；④气溶胶；⑤昆虫（蠕虫、飞蚊、蚊子等）。

评 级	备 注
高	高环境负荷
中	中等环境负荷
低	低环境负荷

(5) 第 17～19 行：对操作人员的要求。

现有的操作人员培训水平，特别是在许多发展中国家和新兴市场，对选择水处理技术是一种限制。

在评估矩阵中，根据以下标准评估每个处理过程对人员的控制操作要求：①可操作性或运营支出；②预防性维护支出；③对操作人员的必要培训。

评 级	备 注
高	高要求
中	中要求
低	低要求

(6) 第 20～36 行：处理技术。

在总称“处理技术”下，技术细节汇集在一起，涉及各个过程，特别是处理性能。除数值文献数据外，还使用下面给出的定性评估等级。

再生水和/或处理性能的质量基于以下废水参数，与消除程度有关：①COD 和 BOD_5

(有机碳化合物)；②SS（可固化物质、固体物质、悬浮固体)；③营养元素（铵、硝酸盐、磷)；④病原体（细菌、病毒、原生动物、蠕虫)。

在矩阵中，消除程度以%表示，或以处理水中的浓度（mg/L）表示；病原体的减少以对数步数给出。

评 级	备 注
高	消除程度>70%或4～6个对数步数
中	消除程度为30%～70%或2～3个对数步数
低	消除程度<30%或最多2个对数步数
没有影响	消除程度<5%
无关联	例如用于后期处理

以下的参数用于定性描述处理水的性质和状况：①颜色和气味；②残留浊度；③处理过程中水的盐析。

评 级	备 注
高	处理过的水显示出高（残留）着色/气味/残留浊度
中	处理过的水显示出中等（残留）着色/气味/残留浊度
低	处理过的水显示出低（残留）着色/气味/残留浊度
没有影响	—

为了直接描述处理技术，我们利用了额外的非量化参数，并以比较的方式进行了定性评估：①机械化程度；②坚固性；③工艺稳定性；④能够在运行中影响排放质量。

类 别	备 注
高	更高的程度
中	更中等程度
低	较低的程度

处理过程中残留物的累积评估如下：

类 别	备 注
高	80～110L/(PT a) 脱水污泥用于处理
中	40～80L/(PT a) 脱水污泥用于处理
低	<40L/(PT a) 脱水污泥用于处理
没有积累	—

(7) 第37～40行：灌溉技术。

在将废水用作灌溉水的情况下，第37～40行说明是否可以使用给定的灌溉技术进行灌溉。

通常，具有非常细小元件或喷嘴的灌溉设施（如根灌或滴灌）的固体物质浓度（通过DS含量表示）必须非常小，因此建议过滤。

如果应用于细小液滴和气溶胶颗粒的灌溉技术（例如通过喷洒系统），处理过的水应另外进行消毒，对于现场工人和邻近的居民降低健康风险。

类别	备注
适当	必要的过滤或消毒
不太合适	需要过滤
不合适	—
不相干	如果仅作为预处理就业

（8）第41～44行：适用类型。

根据以下表格的这些行列详细说明了每个处理过程是否可以使用经处理的水或是否值得为各自的目的推荐：

类别	备注
推荐的	—
可能的	—
不推荐的	—
不可能的	—

附录B 处理技术评估

注意：附录B中的表是DWA出版物中有关水回用处理步骤的直接摘录（DWA，2008）。要下载适用于个人的矩阵，请联系DWA顾客服务。

附录中说明了对所讨论的处理步骤的评估。每个维度的级别（低、中和高）或数值的选择是根据不同的来源进行的，下表中的编号是1－35。附表B.1～附表B.6的示例均在使用它们的位置旁边立即使用这些参考数值。附表与示例中列出了所有35条参考来源。

附表B.1　35条参考来源

序号	来源
1	WHO，2006a
2	Günthert and Reicherter，2001
3	ATV－DVWK，2000
4	DWA－Landesverband [Federal State Association] Bayern，2005
5	MURL，1999

续表

序号	来源
6	Von Sperling and Chernicharo，2006
7	ATV，1998
8	Grünebaum and Weyand，1995
9	Lenz，2004
10	Alcalde et al.，2004
11	Strohmeier，1998
12	Wedi，2005
13	Engelhardt，2006
14	Günder，2001
15	Frechen，2006
16	Schleypen，2005
17	Cornel，2006
18	Laber，2001
19	Novak，2005
20	DWA，2006
21	Lützner，2002
22	IRC，2004
23	Ruhrverband，1992
24	Barjenbruch and Al Jiroudi，2005
25	Working Group（joint assessment）
26	Tim Fuhrmann（personal assessment）
27	Hans Huber（personal assessment）
28	Volker Karl（personal assessment）
29	Roland Knitschky（personal assessment）
30	Alessandro Meda and Peter Cornel（personal assessment）
31	Hermann Orth（personal assessment）
32	Holger Scheer（personal assessment）
33	Florian Schmidtlein（personal assessment）
34	Christina Schwarz（personal assessment）
35	Martin Marggraff（personal assessment）

附表 B.2 　　回用机械处理水处理步骤的评价矩阵

方面			行号	机械处理									
				筛选						沉降			
				有降水/絮凝		无沉淀/絮凝		微筛 101m		有降水/絮凝		无絮凝	
健康风险	操作人员水处理设施		1	高（化学品处理）	25	中等	25	低	27	高（化学品处理）	28	中等	28
	重用水用户		2	低（仅作为预处理阶段）	25	低（仅作为预处理阶段）	25	低（需要消毒）	27	低（仅在预处理阶段）	28	低（仅作为预处理阶段）	28
经济效益	投资费用	表面要求	3	低	25	低	25	低	27	低（0.04～0.06mz/PT）	6	低（0.02～0.04mz/PT）	6
		结构工程	4	中［400～1000€/(m³/h)+絮凝］	2	低［400～1000€/(m³/h)］	2	低	27	中（250～1000€/PT 沉淀池、1～80€/PT 沉淀）	3	中（250～1000€/PT 沉淀池）	3
		机械工程	5	低	25	低	25	中等	27	低	34	低	34
		E+MCR 技术	6	低	25	低	25	低	27	低	34	低	34
	营运成本	人员需求/费用	7	能源需求/成本	25	低	25	低	27	低	34	低	34
		能源需求/费用	8	中（0.0117～0.017kWh/m³）	27	中（0.009～0.013kWh/m³）	27	低	27	低（−0.002kWh/m³）	5	低（−0.001kWh/m³）	5
		残留物处理	9	高	25	中等	25	低	27	高	34	中等	34
		经营资源（沉淀剂等）	10	高	25	低（无运营资源）	25	低	27	高	34	低（无运营资源）	34
		预防性维护费用	11	低	25	低	25	低	27	低	34	低	34
通过设施运营对环境的影响	CH_4 排放		12	无	25	无	25	无	27	低（只有长时间的沉淀，才能通过厌氧降解过程形成少量甲烷）	30	低（只有长时间的沉淀、才能通过厌氧降解过程形成少量甲烷）	30
	气味滋扰		13	高	29	高	29	低	27	低	29	中等	29
	噪声		14	低	29	低	29	低	27	低	29	低	29
	气溶胶		15	低	29	低	29	中等	27	低	29	低	29
	昆虫（蠕虫、蝇等）		16	高	29	高	29	低	27	中等	29	低	29
对操作人员的要求	可操作性/运营支出		17	中等	31	低	25	中等	31	中等	31	低	31
	预防性维护支出		18	中等	31	低	25	中等	31	中等	31	低	31
	需要培训操作人员		19	中等	29	低	29	中等（需要受过训练的人员）	27	中等	29	低	29

续表

方面			行号	机械处理									
				筛选						沉降			
				有降水/絮凝		无沉淀/絮凝		微筛 101m		有降水/絮凝		无絮凝	
工厂技术	机械化程度		20	低/中等	25	低	25	高	27	中等	27	低	27
	稳健性		21	高	25	高	25	中等	27	中等	27	高	27
	工艺稳定性		22	高	25	高	25	中等	27	高	27	高	27
	能够在操作上影响排放质量		23	中等	25	低	31	低	31	中等	31	低	31
	排放质量（处理性能）	消除 COD/BOD	24	中等（最大值 60%）	25	低（最大值 25%）	25	低（大于 10%或小于 60mg/L）	27	中/高（55%～75%COD；45%～80%BOD）	6	中等（25%～35%COD；30%～35%BOD）	6
		减少 SS	25	高（最大值 95%）	25	高（85%）	25	中等（大于 30%或小于 10mg/L）	27	中/高（60%～90%）	6	中等（55%～65%）	6
		营养素消除 氨	26	低（ca. 10%）	34	低（ca. 10%）	34	低	27	低（<30%）	6	低（<30%）	6
		营养素消除 硝酸盐	27	无影响（0%）	25	无影响（0%）	25	低	27	无影响（0%）	34	无影响（0%）	3
		营养素消除 磷	28	高	25	低（<10%）	25	低	27	高（75%～90%）	6	中/低（<35%）	6
		减少病原体 病毒	29	低	34	低	34	没有细节	27	低（1～2 log steps）	1	低（0～1 log steps）	1
		减少病原体 菌	30	低	34	低	34	没有细节	27	低（1～2 log steps）	1	低（0～1 log steps）	1
		减少病原体 原生动物	31	低	34	低	34	没有细节	27	低（1～2 log steps）	1	低（0～1 log steps）	1
		减少病原体 蠕虫	32	低	34	低	34	没有细节	27	中等（1～3 log steps）	1	低（0～<1 log steps）	1
		颜色/气味	33	无影响	25	无影响	25	无影响	27	低（可能通过厌氧降解过程产生更长的沉淀时间气味）	30	低（可能通过厌氧降解过程产生更长的沉淀时间气味）	30
		残留浊度	34	低	25	中等	25	低	27	低	34	中等	34
		由于过程而盐析	35	介质（通过沉淀化学品盐化）	25	无影响	25	无影响	27	高（通过沉淀化学品盐化）	30	无影响	30
	残留物积累		36	中等［特定国家；15～70L/(PT·a)］	25	中等［特定国家；15～60L/(PT·a)］		低	27	高［730～2500L/(PT·a) 不稳定，液体或 40～110L/(PT·a) 脱水污染］	6	低［330～730L/(PT·a) 不稳定，液体或 15～40L/(PT·a) 脱水污染］	6
灌溉技术	地下灌溉		37	不合适	25	不合适	25	合适	7	不合适	10	不合适	10
	灌溉		38	不合适	25	不合适	25	合适	27	不合适	10	不合适	10
	喷灌		39	适用（需要消毒）	25	不合适	25	合适	27	合适（需要消毒）	10	合适（需要消毒）	10
	漫灌		40	适合	25	合适	25	合适	27	合适	10	合适	10
使用类别	农业灌溉		41	可能	29	不建议	29	推荐的	27	可能	29	可能	29
	非饮用水（厕所用水）		42	不建议	25	不可能	25	可能	27	不建议	29	不建议	29
	城市用途（灌溉、防火用水）		43	不建议	25	不可能	25	可能	27	不建议	29	不建议	29
	林业灌溉		44	可能	25	可能	25	推荐的	27	可能	29	可能	29

附表 B.3　　废水池，废水储存和处理池

方面		行号	污水池						废水储存处理箱	
			曝气/好氧沉淀池		未充气/缺氧/厌氧		下游抛光池			
健康风险	操作人员水处理设施	1	低	26.33	低	26.33	低	26.33	低	26.33
	重用水用户	2	中等（需要消毒）	26.33	中等（需要消毒）	26.33	中等（需要消毒）	26.33	低（保留时间长）	26.33
经济效益	投资费用 表面要求	3	高（0.25～0.5m^2/PT）	6	高（1.2～3.0m^2/PT）	6	高（3.0～5.0m^2/PT）	6	高	6
	投资费用 结构工程	4	低（300～10000 €/PT）	26.33	低（300～1000 €/PT）	26.33	低（300～1000 €/PT）	26.33	中等	26.33
	投资费用 机械工程	5	低	2	低	2	低	26.33	低	26.33
	投资费用 E+MCR 技术	6	低	2	低	2	低	26.33	低	26.33
	营运成本 人员需求/费用	7	低	4	低	4	低	34	低	26.33
	营运成本 能源需求/费用	8	中等	33	低	33	低	33	低	26.33
	营运成本 残留物处理	9	中等	26.33	中等	26.33	低	26.33	低	26.33
	营运成本 经营资源（沉淀剂等）	10	低（无运营资源）	26.33	低（无运营资源）	26.33	低（无运营资源）	26.33	低（无运营资源）	26.33
	营运成本 预防性维护费用	11	低	26.33	低	26.33	低	26.33	低	26.33
通过设施运营对环境的影响	CH_4 排放	12	中等（甲烷形成沉降区通过厌氧降解过程）	26.33	高（通过厌氧降解过程形成相当多的甲烷）	26.33	低（可能通过残留负荷和污泥的降解而形成甲烷）	26.33	高（通过厌氧降解过程产生大量甲烷）	26.33
	气味滋扰	13	低	26.33	高（取决于操作）	26.3	低	26.33	低	26.33
	噪声	14	中等（取决于通风）	26.33	无	26	无	26	无	26
	气溶胶	15	中等（取决于曝气设备）	26.33	低	26.33	低	26.33	低	26.33
	昆虫（蠕虫、蝇等）	16	高（蚊子）	26.33	高（蚊子）	26.33	高（蚊子）	26.33	高（蚊子）	26.33
对操作人员的要求	可操作性/运营支出	17	低	26.33	低	26.33	低	26.33	低	26.33
	预防性维护支出	18	低	26.33	低	26.33	低	26.33	低	26.33
	需要培训操作人员	19	低	26.33	低	26.33	低	26.33	低	26.33
工厂技术	机械化程序	20	低	26.33	低	26.33	低	26.33	低	26.33
	稳健性	21	高	26.33	高	26.33	高	26.33	高	26.33
	工艺稳定性	22	高	26.33	高	26.33	高	26.33	高	26.33
	能够在操作上影响排放质量	23	低	26.33	低	26.33	低	26.33	低	2.33

续表

方面			行号	污水池						废水储存处理箱	
				曝气/好氧沉淀池		未充气/缺氧/厌氧		下游抛光池			
工厂技术	排放质量（处理性能）	消除 COD/BOD	24	中/高（65%～80%COD；75%～85%BOD）	6	中/高（化学需氧量 65%～80%；BOD 75%～85%）	6	低（减少残余负载/平衡峰值）	26.33	低（减少残余负载/平衡峰值）	10
		减少 SS	25	高（70%～80%）	6	高（70%～80%）	6	低（减少残余负载/平衡峰值）	26.33	低（减少残余负载/平衡峰值）	10
		营养素消除 氧	26	低（<30%）	6	中等（<50%）	6	低（减少残余负载/平衡峰值）	26.33	低（减少残余负载/平衡峰值）	10
		营养素消除 硝酸盐	27	低（<30%NTOT）	6	介质（<60%NTOT）	6	低（减少残余负载/平衡峰值）	26.33	低（减少残余负载/平衡峰值）	10
		营养素消除 磷	28	中/低（<35%）	6	中等/低（<35%）	6	低（减少残余负载/平衡峰值）	26.33	低（减少残余负载/平衡峰值）	10
		减少病原体 病毒	29	低（1～2 个 log steps，取决于保留时间）	1	高（1～4 个 log steps，取决于保留时间）	1	高（1～4 个 log steps，取决于保留时间）	1	高（1～4 个 log steps，取决于保留时间）	1
		减少病原体 菌	30	低（1～2 个 log steps，取决于保留时间）	1	高（1～6 个 log steps，取决于保留时间）	1	高（1～6 个 log steps，取决于保留时间）	1	高（1～6 个 log steps，取决于保留时间）	1
		减少病原体 原生动物	31	低（0～1 个 log steps，取决于保留时间）	1	高（1～4 个 log steps，取决于保留时间）	1	高（1～4 个 log steps，取决于保留时间）	1	高（1～4 个 log steps，取决于保留时间）	1
		减少病原体 蠕虫	32	高（1～3 个 log steps，取决于保留时间）	1	中（1～3 个 log steps，取决于保留时间）	1	中等（1～3 个 log steps，取决于保留时间）	1	中等（1～3 个 log steps，取决于保留时间）	1
		颜色/气味	33	培养基（藻类和细菌的着色）	26.33	高（通过藻类和细菌着色/通过厌氧降解过程产生的气味）	26.33	中等（藻类和细菌的着色）	26.33	中等（藻类和细菌的着色）	26.33
		残留浊度	34	中等	26.33	中等	26.33	中等	26	低	26.33
		由于过程而盐析	35	中等（通过蒸发有盐化危险）	26.33	中等（通过蒸发有盐化危险）	26.33	中等（通过蒸发有盐化危险）	26.33	中等（通过蒸发有盐化危险）	26.33
	残留物积累		36	中等（定期消除污泥）	26.33	中等（定期污泥清除）	26.33	低（定期污泥清除）	26.33	低（定期污泥清除）	26.33
灌溉技术	地下灌溉		37	适用（需要过滤）	10	适用（需要过滤）	10	适用（需要过滤）	10	适用（需要过滤）	10
	滴灌		38	适用（需要过滤）	10	适用（需要过滤）	10	适用（需要过滤）	10	适用（需要过滤）	10
	喷灌		39	不合适（需要消毒）	10	合适	10	合适	10	合适	10
	漫灌		40	适当	10	合适	10	合适	10	合适	10
使用类别	农业灌溉		41	可能	26.33	可能	26.33	可能	26.33	可能	26.33
	非饮用水（厕所用水）		42	不建议	26.33	不建议	26.33	不建议	26.33	不建议	26.33
	城市用途（灌溉、防火用水）		43	不建议	26.33	不建议	26.33	不建议	26.33	不建议	26.33
	林业灌溉		44	可能	26.33	可能	26.33	可能	26.33	可能	26.33

附表 B.4　　UASB（厌氧菌污泥毯式反应器），活性污泥法，生物滤池，芦苇

方面			行号	UASB（厌氧上流污泥毯状反应器）		活性污泥法 C去除		活性污泥法 营养消除		滴滤过滤器		副植物处理厂	
健康风险		操作人员水处理设施	1	低	28	低	28	高（化学品处理）	28	低	28	低	28
健康风险		重用水用户	2	低（仅作为预处理阶段）	28	中等（需要消毒）	28	中等（需要消毒）	28	中等（需要消毒）	28	中等（需要消毒）	28
经济效益		表面要求	3	低（0.03～0.1m^2/PT）	6	低（0.12～0.25m^2/PT）	6	低（0.12～0.25m^2/PT）	6	低（0.12～0.3m^2/PT）	S	高（3～5m^2/PT）	6
经济效益	投资费用	结构工程	4	中等	26	中等（100～800 €/PT）	2	中（200～900 €/PT）	2	介质（200～600 €/PT）	2	高（1000～2000 €/PT）	24
经济效益	投资费用	机械工程	5	中等	30	中等（40～80 €/PT）	2	中等（40～80 €/PT）	2	低	2	低	24
经济效益	投资费用	E+MCR 技术	6	中等	30	高	2	高	2	低	2	低	24
经济效益	营运成本	人员需求/费用	7	低	30	中等［5～10 €/(PT·a)］	8	中等［5～10 €/(PT·a)］	8	低	49	低［50～130 €/(PT·a)］	24
经济效益	营运成本	能源需求/费用	8	低	30	高（−0.110kWh/m^3）	5	高（−0.190kWh/m^3）	5	中等（−0.085kWh/m^3）	5		
经济效益	营运成本	残留物处理	9	低	30	中等［10～20 €/(PT·a)］	8	中等［10～20 €/(PT·a)］	8	低	49		
经济效益	营运成本	经营资源（沉淀剂等）	10	低（无运营资源）	30	中等［1～2.5 €/(PT·a)］	8	中等［1～2.5 €/(PT·a)］	8	低	4.9		
经济效益	营运成本	预防性维护费用	11	低	32	中等［2.5～5 €/(PT·a)］	8	中等［2.5～5 €/(PT·a)］	8	低	4.9		
通过设施运营对环境的影响		CH_4 排放	12	高（溶解在处理过的水中的甲烷负荷（温度越高蒸发））	30	无	30	无	30	无（只有足够的流量，随着甲烷的发展，厌氧区形成的可能性不足）	30	低（可能形成甲烷的厌氧区形成）	26
通过设施运营对环境的影响		气味滋扰	13	低	30	中等	29	低	29	中等	30	低	30
通过设施运营对环境的影响		噪声	14	低	30	中等/高（取决于工厂技术）	29	中/高（取决于工厂技术）	29	无	26	无	26
通过设施运营对环境的影响		气溶胶	15	低	30	低/高（取决于工厂技术）	29	低/高（取决于工厂技术）	29	低	30	低	30
通过设施运营对环境的影响		昆虫（蠕虫、蝇等）	16	低	30	低	29	低	29	高	30	高	30
对操作人员的要求		可操作性/运营支出	17	中等	30	中等	31	高	31	中等	30	低	30
对操作人员的要求		预防性维护支出	18	中等	30	中等	31	高	31	中等	30	低（周期性切割植物）	30
对操作人员的要求		需要培训操作人员	19	中等	30	中等	29	高	29	中等	30	低	30
工厂技术		机械化程度	20	低	27	高	27	高	27	中等	30	低	27
工厂技术		稳健性	21	低	27	高	27	高	27	高	27	低/中等	27
工厂技术		工艺稳定性	22	低	27	高	27	高	27	高	27	高	27
工厂技术		能够在操作上影响排放质量	23	中等	30	高	30	高	30	中等	30	低	30
工厂技术	排放质量（处理性能）	消除 COD/BOD	24	中等/高（50至85%～95%）		高（80%～90%COD；85%～93%BOD）	6	高（80%～90%COD；85%～93%BOD）	6	高（70%～80%COD；80%～83%BOD）	6	高（75%～85%COD；80%～90%BOD）	6
工厂技术	排放质量（处理性能）	减少 SS	25	中等/高（65%～80%）	6	高（87%～93%）	6	高（87%～93%）	6	高（87%～93%）	6	高（87%～93%）	6

续表

方面			行号	UASB（厌氧上流污泥毯状反应器）		活性污泥法				滴滤过滤器		副植物处理厂	
						C去除		营养消除					
工厂技术	排放质量（处理性能）	营养素消除 氮	26	中等（<50）	6	低（ca. 20%）	3	高（>80%）	6	中等/高（50%～85%）	6	中/高（随季节变化为40%～98%）	29
		硝酸盐	27	中等（<60%NTOT）	6	没有效果（0%）	3	高（ca. 80%）	34	中等（60%NTOT）	6	低（0%～17%）	24
		磷	28	中等/低（<35%）	6	低（0%，低降水）/高（约90%，低降水）	3	低/(30%，低降水)/高（约90%，有降水）	3	中等/低（<35%）（仅在有降水的情况下）	35	中/高（取决于年龄的30%～95%）	29
		减少病原体 病毒	29	低（0～1 log steps）	1	低（0～2 log steps）	1	低（0～2 log steps）	1	低（0～2 log steps）	1	低（1～2 log steps）	1
		菌	30	低（0.5～1.5 log steps）	1	低（1～2 log steps）	1	低（1～2 log steps）	1	低（0～2 log steps）	1	中等/低（0.5～3 log steps）	1
		原生动物	31	低（0～1 log steps）	1	低（0～1 log steps）	1	低（0～1 log steps）	1	低（0～2 log steps）	1	低（0.5～2 log steps）	1
		蠕虫	32	低（0.5～1 log steps）	1	低（1～<2 log steps）	1	低（1～<2 log steps）	1	低（0～2 log steps）	1	中等（1～3 log steps）	1
		颜色/气味	33	高（由于厌氧降解而产生的气味物质）	30	低（正确操作）	30	低（正确操作）	30	低（在厌氧条件下可能形成气味物质）	30	低（在厌氧条件下可能形成气味物质）	30
		残留浊度	34	中等	25	中等	25	中等	27	中等	30	中等	30
		由于过程而盐析	35	没有效果	30	低	30	介质（由于沉淀化学物质而导致的磷去除）	30	低（只有通过较高的再循环率，强阳光，较低的空气湿度，才能通过沉淀剂或水蒸发而形成盐分的危险）	30，34	低（通过植物蒸发蒸腾有盐分的危险）	30
	残留物积累		36	低［70～220L/(PT·a)不稳定的液体，或10～35L/(PT·a)脱水的污泥］	8	高［1100～3000L/(PT·a)不稳定)。液体或35～90L/(PT·a)脱水污泥］	6	高［1100～3000L/(PT·a)不稳定的液体或35～90L/(PT·a)脱水污泥］	6	中［360～1800L/(PT·a)不稳定。液体污泥或35～80L/(PT·a)脱水污泥］	6	中等/高（植物切割）	30
灌溉技术	地下灌溉		37	不相关（仅预处理）	10	适用（需要过滤）	10	适用（需要过滤）	10	不合适（必要过滤）	10	不合适（必要的过程）	10
	滴灌		38	不相关（仅预处理）	10	适用（需要过滤）	10	适用（需要过滤）	10	不合适（必要过滤）	10	不合适（必要的过程）	10
	喷灌		39	不相关（仅预处理）	10	适用（需要过滤）	10	适用（需要消毒）	10	适用（需要消毒）	10	合适（需要消毒）	10
	漫灌		40	不相关（仅预处理）	10	适当	10	适当	10	适合	10	合适	10
使用类别	农业灌溉		41	不建议	30	推荐	29	推荐	20	可能	30	可能	30
	非饮用水（厕所用水）		42	不可能	30	不建议	29	可能	29	不建议	30	不建议	30
	城市用途（灌溉、防火用水）		43	不可能	30	不建议	29	可能	29	不建议	30	不建议	30
	林业灌溉		44	可能	30	推荐	29	推荐	29	可能	30	可能	30

附表 B.5 过滤（下游），沉淀/絮凝（下游），膜技术

方面			行号	过滤（下游）						降水/絮凝（下游）		膜技术			
				快速渗透（粗）		缓慢的砂滤		双层过滤				UF/MFNF		NF/RO	
健康风险	操作人员水处理设施		1	过滤（下游）	28	低	28	低	28	高（处理化学品）	28	高（处理化学品）	28	高（处理化学品）	28
	重要水用户		2	中等（需要消毒）	28	中等（需要消毒）	28	中等（需要消毒）	28	中等（需要消毒）	28	低	28	低	28
经济效益	投资费用	表面要求	3	低	30	低	30	低	30	低	30	低	30	低	30
		结构工程	4	低（25～60 €/PT）	11	低（25～60 €/PT）	11	低	32	低	32	高（4000～8000 €/PT）	13，14	高	34
		机械工程	5					低	34	低	32			高	34
		E+MCR 技术	6					低	34	低	32			高	34
	营运成本	人员需求/费用	7	低	11	低	11	低	34	低	32			高	34
		能源需求/费用	8	低	33	低	33	低	33	低（−0.001kWh/m^3）	5	中等（0.26～0.4 €/m^3）	13，14	高（0.45～0.70 €/m^3 海水淡化）	10
		残留物处理	9	低	11	低	11	低	34	中等	32			高	34
		经营资源（沉淀剂等）	10	低	11	低	11	低	34	中等	32			高	34
		预防性维护费用	11	中等	11	中等	11	中等	34	中等	32			高	32
通过设施运营对环境的影响	CH_4 排放		12	无	30	无	30	无	30	无	30	无	30	无	30
	气味滋扰		13	低	27	低	27	低	27	低	30	低	30	低	30
	噪声		14	低	27	低	27	低	27	低	30	低	30	低	30
	气溶胶		15	低	27	低	27	低	27	低	30	无	30	无	30
	昆虫（蠕虫、蝇等）		16	中等	27	中等	27	中等	27	低	30	无	30	无	30
对操作人员的要求	可操作性/运营支出		17	中等	31	中等	31	中等	31	中等	30	高	30	高	30
	预防性维护支出		18	高	31	高	31	高	31	中等	30	高	30	高	30
	需要培训操作人员		19	高（需要受过培训的人员）	27	高（需要受过培训的人员）	27	高（需要受过培训的人员）	27	高（需要受过培训的人员）	30	高（需要受过培训的人员）	30	高（需要受过培训的人员）	30
	机械化程度		20	低	27	中等	27	中等	27	低	27	高	27	高	27
	稳健性		21	中等	27	中等	27	高	27	高	27	中等	27	中等	27
	工艺稳定性		22	高	27	高	27	高	27	高	27	高	27	高	27
	能够在操作上影响排放质量		23	高	30	高	30	高	30	高	30	高	30	高	30

续表

方面			行号	过滤（下游）						降水/絮凝（下游）		膜技术			
				快速渗透（粗）		缓慢的砂滤		双层过滤				UF/MFNF		NF/RO	
工厂技术	排放质量（处理性能）	消除 COD/BOD	24	低（>20%或<40mg/L）	11	低（>20%或<40mg/L）	11	低（>20%或<40mg/L）	11	低	30	高（曝气 89%～96%或 COD<30）	12，13	不相关（仅后处理）	30
		减少 SS	25	中等/高（>50%或<5mg/L）	11	中等/高（>50%或<5mg/L）	11	中等/高（>50%或<5mg/L）	11	高	30	高（几乎 100%）	12，13	高	26
		营养素消除 氧	26	中等（<5mg/L）	11	中等（<5mg/L）	11	中等（<5mg/L）	11	低（ca. 10%）	3	高（充气 90%或 0.1～2mg/L）	12，13	不相关（仅后处理）	30
		营养素消除 硝酸盐	27	高（<10mg/L）	11	高（<10mg/L）	11	高（<10mg/L）	11	无影响（0%）	3	中/高（4.5mg/L）	12，13	不相关（仅后处理）	30
		营养素消除 磷	28	中（无接种的情况下为 30%）/高（有接种）	11	中（无接种的情况下为 30%）	11	中（无接种的情况下为 30%）	11	高	3	高（约 90%沉淀或 0.5～0.7mg/L）	12，13	不相关（仅后处理）	30
		减少病原体 病毒	29	中等（1～3 log steps）	1	中等（1～3 log steps）	1	中等（1～3 log steps）	1	中等（1～3 log steps）	1	高（2.5～6 log steps）	1	高（2.5～6 log steps）	1
		减少病原体 菌	30	中等（0～3 log steps）	1	中等（0～3 log steps）	1	中等（0～3 log steps）	1	低（0～1 log steps）	1	高（3.5～6 log steps）	1	高（3.5～6 log steps）	1
		减少病原体 原生动物	31	中等（0～3 log steps）	1	中等（0～3 log steps）		中等（0～3 log steps）	1	中等（1～3 log steps）	1	高（>6 log steps）	1	高（>6 log steps）	1
		减少病原体 蠕虫	32	中等（1～3 log steps）	1	中等（1～3 log steps）		中等（1～3 log steps）	1	低（2 log steps）	1	高（>3 log steps）	1	高（>3 log steps）	1
		颜色/气味	33	无影响	30	无影响	30	无影响	30	无影响	30	无影响	30	无影响	30
		残留浊度	34	低	11	低	11	低	11	低	3	低	34	低	30
		由于过程而盐析	35	无影响	30	无影响	30	无影响	30	中等（因沉淀化学物质而盐化）	30	中等（因沉淀化学物质而盐化）	34	无影响（用浓盐腌制的浓缩液处理）	30
	残留物积累		36	低	30	低	30	低	30	低	30	低［550～1100L/(PT·a)稳定］	3	中等（重盐浓缩处理）	30
灌溉技术	地下灌溉		37	合适	10	合适	10	合适	10	合适	10	合适	10	合适	10
	滴灌		38	合适	10	合适	10	合适	10	合适	10	合适	10	合适	10
	喷灌		39	合适	10	合适	10	合适	10	合适	10	合适	10	合适	10
	漫灌		40	合适	10	合适	10	合适	10	合适	10	合适	10	合适	10
使用类别	农业灌溉		41	建议	27	建议	27	建议	27	建议	30	建议	30	建议	30
	非饮用水（厕所用水）		42	可能	27	可能	27	可能	27	可能	30	建议	30	建议	30
	城市用途（灌溉、防火用水）		43	可能	27	可能	27	可能	27	可能	30	建议	30	建议	30
	林业灌溉		44	建议	27	建议	27	建议	27	建议	30	建议	30	建议	30

附表 B.6 **消　毒**

方面			行号	消毒：滤膜（UF）		UA		臭氧		土壤过滤器		抛光池		氯	
健康风险		操作人员水处理设施	1	高（处理化学品）	28	中等	26	高（处理化学品）	28	低	28	低	28	高（处理化学品）	28
		重用水用户	2	低	28	低	28	低	28	低	28	中（需要消毒后）	26	低（仅过度氯化）	26
经济效益	投资费用	表面要求	3	低	30	低	30	低	30	高	30	高	30	低	30
		结构工程	4	高	34	低（7～41 €/PT）	16	高（0.52 €/PT）	17	高	18, 19, 20, 21	低	22, 23	低	34
		机械工程	5	高	34	中等	26	高	32	低	18, 19, 20, 21	低	22, 23	中等（安全技术）	26
		E+MCR 技术	6	高	34	中等	26	高	17	低	18, 19, 20, 21	低	22, 23	低	34
	营运成本	人员需求/费用	7							低	18, 19, 20, 21	低	22, 23		
		能源需求/费用	8							低	18, 19, 20, 21	低	22, 23		
		残留物处理	9	高（0.2～0.8 €/m^3）	7	低（0.03～0.05 €/m^3）	7	中等（0.05～0.2 €/m^3）	7	低	18, 19, 20, 21	低	22, 23	低（0.04～0.06 €/m^3）	7
		经营资源（沉淀剂等）	10							低	18, 19, 20, 21	低	22, 23		
		预防性维护费用	11							低	18, 19, 20, 21	低	22, 23		
通过设施运营对环境的影响		CH_4 排放	12	无	26	无	26	无	26	无	26	小（可能形成甲烷，剩余负荷）	30	无	26
		气味滋扰	13	低	30	低	30	低	30	低	30	低	30	低	30
		噪声	14	低	30	无	26	低	30	无	26	无	26	无	26
		气溶胶	15	无	30	无	30	无	30	低	30	低	30	无	30
		昆虫（蠕虫、蝇等）	16	无	30	无	30	无	30	中等	30	高（蚊子）	30	无	30

续表

方面				行号	消毒											
					滤膜（UF）		UA		臭氧		土壤过滤器		抛光池		氯	
对操作人员的要求	可操作性/运营支出			17	高	30	低	30	高	30	低	30	低	30	高	30
对操作人员的要求	预防性维护支出			18	高	30	中等	26	高	30	低	30	低	30	高	30
对操作人员的要求	需要培训操作人员			19	高（需要受过培训的人员）	30	中等	26	高（需要受过培训的人员）	30	低	30	低	30	高（需要受过训练的人员）	30
对操作人员的要求	机械化程度			20	高	27	中等	27	中等	27	低	27	低	27	低	27
对操作人员的要求	稳健性			21	中等	27	高	27	中等	27	中等	26	低/中等	27	中等	26
对操作人员的要求	工艺稳定性			22	高	27	高	27	高	27	高	27	中等/高	26	高	27
对操作人员的要求	能够在操作上影响排放质量			23	高	30	高	30	高	30	低	30	低	30	高	30
工厂技术	排放质量（处理性能）	消除 COD/BOD		24	不相关（仅用于后期处理）	30	无影响	34	不相关（仅用于后期处理）	30	高（ca. 85%）	18	低（减少残余负载/有效峰值平衡）	26	无影响	34
工厂技术	排放质量（处理性能）	减少 SS		25	高	26	无影响	34	不相关（仅用于后期处理）	30	高（ca. 90%）	18，19，20，21	低（减少残余负载/有效峰值平衡）	26	无影响	34
工厂技术	排放质量（处理性能）	营养素消除	氨	26	不相关（仅用于后期处理）	26	无影响	34	不相关（仅用于后期处理）	30	高（ca. 80%）	18，19，20，21	低（减少残余负载/有效峰值平衡）	26	无影响	34
工厂技术	排放质量（处理性能）	营养素消除	硝酸盐	27	不相关（仅用于后期处理）	26	无影响	34	不相关（仅用于后期处理）	30	低（10%unplanted）/高（70%unplanted）	18，19，20，21	低（减少残余负载/有效峰值平衡）	26	无影响	34
工厂技术	排放质量（处理性能）	营养素消除	磷	28	不相关（仅用于后期处理）		无影响		不相关（仅用于后期处理）		中（ca. 30%未植入）/高（ca. 80%未植入）性能随运行时间而变		低（减少残余负载/有效峰值平衡）	26	无影响	34

续表

方面				行号	消毒											
					滤膜（UF）		UA		臭氧		土壤过滤器		抛光池		氯	
工厂技术	排放质量（处理性能）	减少病原体	病毒	29	高（2.5～6 log step）	1	中等（1～3 log steps）	1	高（3～6 log step）	1	中等/低（1.5～2.5 log steps）	18，19，20，21	高（1～4 log steps）	1	中等（1～3 log steps）	1
			菌	30	高（3.5～6 log step）	1	高（2～4 log steps）	1	高（2～4 log step）	1	中等/低（1.5～2.5 log steps）	18，19，20，21	高（1～6 log steps）	1	高（2～6 log steps）	1
			原生动物	31	高（>6 log step）	1	高（>3 log steps）	1	低（1～2 log steps）	1	中等/低（1.5～2.5 log steps）	18，19，20，21	高（1～4 log steps）	1	低（0～1.5 log steps）	1
			蠕虫	32	高（>3 log step）	1	无影响	1	低（0～2 log steps）	1	中等	26	中等（1～3 log steps）	1	低（0～1 log steps）	1
		颜色/气味		33	无影响	30	低（可能脱色）	30	低（去除颜色和气味物质）	30	介质（在厌氧条件下可能形成气味物质）	30	中等（可能是藻类的着色，有厌氧条件下的气味形成）	30	介质（如果水中残留有氯，则气味和味道会加重）	30
		残留浊度		34	低	34	无影响	34	无影响	34	低	18，19，20，21	中等	30	无影响	34
		由于过程而盐析		35	无影响	30	无影响	30	无影响	30	无影响	30	小（由于水蒸发而形成盐分的危险，保留时间更长，阳光阳强，水面更大）	30	低	26
	残留物积累			36	低（处理浓度）	30	无	30	无	30	低	26	低（定期污泥清除）	30	无	30
灌溉技术	地下灌溉			37	合适											10
	滴灌			38	合适											10
	喷灌			39	合适											10
	漫灌			40	合适											10
使用类别	农业灌溉			41	推荐											30
	非饮用水（厕所用水）			42	推荐											30
	城市用途（灌溉、防火用水）			43	推荐											30
	林业灌溉			44	推荐											30

参 考 文 献

AQUAREC. (2006). *Water reuse system management manual*, *AQUAREC* (*Integrated Concepts for Reuse of Upgraded Wastewater*). In D. Bixio & T. Wintgens (Eds.). Luxembourg: Office for Official Publications of the European Communities, ISBN 92 - 79 - 01934 - 1.

Asano, T. (2007). *Water reuse*: *Issues*, *technologies and applications* (1st ed.). McGraw - Hill, March 2007, ISBN: 978 - 0 - 07 - 145927 - 3.

Ayers, R. S., & Westcot, D. W. (1985). *Water quality for agriculture*. Rome: Food and Agriculture Organization of the United Nations.

CCR. (2015). *Regulations Related to Recycled Water—Titles 22 and 17 California Code of Regulations*. California, USA: State Water Resources Control Board.

DIN. (1999). "Irrigation—Hygienic concerns of irrigation water," DIN 19650: 1978 - 09. Germany: Beuth Verlag GmbH.

DWA. (2008). Treatment Steps for Water Reuse. DWA Topics, Editor: Deutsche Vereinigung für Wasserwirtschaft, Abwasser und Abfall e. V. Hennef, Germany: German Association for Water, Wastewater and Waste, DWA.

EMWIS. (2007). Annex B—Case studies, Nov. 2007, Ergebnisse der Arbeitsgruppe Abwasserwiederverwendung, Euro - Mediterranean Information System on Know - how in the Water Sector, www. emwis. net/topics/waterreuse.

Firmenich, E., Fuhrmann, T., Gramel, S., Kampe, P., & Weistroffer, K. (2013). *Planning*, *execution and operation of reuse - projects*, DWA Slide Presentation (Training Material), available at: Deutsche Vereinigung für Wasserwirtschaft, Abwasser und Abfall e. V. Hennef, Germany: German Association for Water, Wastewater and Waste, DWA.

Fuhrmann, T., Scheer, H., Cornel, P. Gramel, S., & Grieb A. (2012). Water reuse: Diverse questions in view of an internationally increasing relevance. In KA - Korrespondenz Abwasser, Abfall - International Special Edition 2012 (pp. 19 - 24). Hennef, Germany: DWA/GFA.

Hettiarachchi, H., & Ardakanian, R. (2016). *Environmental resource management and nexus approach*: *Managing water*, *soil*, *and waste in the context of global change*. Switzerland: Springer Nature. ISBN 978 - 3 - 319 - 28593.

ISO. (2015). *Guidelines for treated wastewater use for irrigation projects*. ISO Standards 16075 - 1, 2 and 3, ISO.

Jimenez, B., & Asano, T. (2008). Water reuse: An International survey, contrasts, issues and needs around the world. In B. Jimenez & T. Asano (Eds.). London: IWA Publishing, 2007, Planned publication date: 1. 2. 2008, ISBN: 1843390892.

Kompetenzzentrum Wasser Berlin. (2012). *Presentation on reuse and OXIMAR*, not published, 2012, cited in Fuhrmann et al. 2012.

Lazarova, V., Asano, T., Bahri, A., & Anderson, J. (2013). Milestones in water reuse—The best success stories, IWA Publishing. www. iwapublishing. com/books/9781780400075/milestoneswater - reuse.

United Nations. (2003). Water for people, water for life. The United Nations World Water Development Report. Executive Summary, UNESCO/Division of Water Sciences, Paris, France. http: //unesdoc. unesco. org/images/0012/001295/129556e. pdf.

USEPA. (2004). Guidelines for water reuse EPA/625/R - 04/108, Produced by Camp Dresser & McKee

Inc. for United States Environmental Protection Agency，Washington DC，USA.

USEPA. (2012). Guidelines for Water Reuse，USEPA/600/R - 12/618，United States Environmental Protection Agency，Washington，USA.

WHO. (2006). *World Health Organization guidelines for the safe use of wastewater，excreta and grey - water*. Geneva：World Health Organization. www. who. int/water _ sanitation _ health/publications/gsuweg2/en/.

第 5 章

废水灌溉的政策和治理体系研究——基于约旦处理的经验

Maha Halashen 和 Ghada Kassab

西亚许多国家都面临着与稀缺水资源管理相关的挑战。人口增长和气候变化加剧了挑战。在这种情况下，再生水用于农业可能成为一个重要组成部分。因此，本章介绍了约旦在法律和制度体系及其演变中在废水处理和再利用领域的经验。约旦被认为是该地区为数不多的水资源紧张国家之一，它在管理有限的水资源方面取得了成功。此外，经过再生水灌溉在约旦已有数十年的发展，最初的动机是严重缺水和农业部门非传统灌溉用水的需要。本章部分小节介绍了在区域一级调整的挑战和解决方案以及卫生模式的历史演变。然后，深入探讨了约旦使用再生水经验的细节，并介绍了法律和制度体系的制定方法。然后介绍了与约旦废水处理相关的挑战和机遇，并引入了政府认可的必要改进措施。

关键词： 卫生，废水管理，再生水农业灌溉，制度安排，法律框架政策实施

5.1 西亚的废水灌溉

由于水资源稀缺，人口增长，城市化和其他工业发展需求，西亚正面临着重大的水资源挑战。面对干旱脆弱的环境和各个活动的低恢复能力，决策者将承担着水和粮食安全的重大责任。对社区增长和创造就业机会来说淡水资源短缺意味着更大的的风险（AFED，2014）。同样，当前的区域政治利益加上经济压力的增加，对可持续发展构成严重威胁。这种情况导致了两个主要的治理优先主题，即水-能源-食物与和平-安全-环境关系（UNEP，2016）。但是，如果要求产生长期和持久的影响，就应该结合社会、经济和体制的优先事项进行审视。气候变化也将威胁到该地区的水和粮食安全，因为农业和粮食生产可用淡水资源在减少（Almazroui，2012）。气候模型预测了该地区的温度、降雨量和海平面的变化，这会对水资源量和水资源可利用量产生影响（Sipkin，2012）。根据大多数全球气候模型预测显示该地区未来 50 年降雨量将普遍减少 20%，预计部分地区将减少 40%（Meslemani，2008）。气候风险指数是根据各国气候变化影响程度进行分类的一项指标。依据水资源减少、食品供应、极端温度条件和相关健康问题（GEO - 6，2016），伊拉克被列为全球第五大最脆弱的国家。最近的干旱加剧了伊拉克的水危机，许多研究指出底格里斯河和幼发拉底河可能会在 2040 年之前枯竭（Rowling，2014）。再加

上水质差等原因，这些压力已经迫使人们流离失所，转而寻求更好的饮用水（Rowling，2014）。该区域的其他地区也被评为高度脆弱，而也门则被评为极度脆弱。气候变化的影响不仅会导致水资源数量的减少，还会影响水质，预计还会增加极端事件的周期和频率（Glass，2010）。因此有必要对气候变化潜在的负面影响做好准备，并及时采取相应措施。

在需求方面，该区域许多国家的人均水资源量有所下降，部分原因是越境涌入的难民有所增加。包括伊拉克、叙利亚和也门在内的几个国家发生了政治动荡，直接影响了供水和卫生服务。亚洲以外地区地下水资源的过度开采也引起了水质恶化、海水入侵、含水层枯竭和盐碱化以及抽水成本的上升。此外，随着农业的扩大，甚至出现了不可再生地下水的耗竭。2000—2012年，该地区用于农业和家庭用水的蓝水总量增加了82%。到目前为止，几乎所有国家的农业都是最大的用水产业（Abuzeid，2014），几乎没有给工业等其他产业留下多少水资源。上述所有挑战都要求作出紧急反应，以缩小可供水量和用水需求之间的差距。

在水资源短缺和气候变化的时代，“资源综合管理”是帮助充分利用水资源的最佳途径之一。该方法需要协调土地和水管理，识别水量和水质联系，改进管理需求的技术，通过适应性管理实验来节约用水。在这方面，将水重新分配给各部门，可能是适应缺水状况和提高水供应能力的一种关键和可行性的方式。虽然许多国家可能没有宣布行业间的重新分配为一项政策，但对家庭用水的最高优先性导致了农业部门水的重新分配（Abuzeid et al.，2014）。例如，伊拉克、约旦和卡塔尔都经历了重大的水资源重新配置。此外，约旦在2016年制定了单独重新分配政策和替代政策。将淡水重新配置为生活用水，并将再生水和农业排水等非常规水分配给农业，这一趋势很可能成为整个地区未来水资源管理的一部分（Abuzeid，2014）。据估计，西亚污水处理回用所形成的非常规水资源的潜在储量为12.7亿m^3（Abuzeid et al.，2014）。这还不包括其他的非传统资源，如农业排水和咸水、海水淡化。很明显，废水作为一种新的水资源为农业发展作出了贡献（Abuzeid，2014）。

对农业废水进行全面价值评估需要进行综合规划，这对于实现各国对许多可持续发展目标（SDGs），特别是关于水和卫生设施的SDG6的义务也至关重要。尽管该区域的许多国家在收集和处理废水方面有较好的经验和方式，但在大城市以外和新都市化地区，对获得更好的服务仍具有较高的需求。尽管这些地区的废水不安全，但除部分用于灌溉外仍被直接排放。在许多情况下，废水和过量的灌溉用水渗入地下水，造成硝酸盐和致病性污染。例如，有报道称由于生活污水从上游非点源（主要是污水池）泄漏，致使约旦北部的一些泉水中硝酸盐浓度升高，对泉水产生致病性污染。污染不仅导致一些饮用水源关闭，而且对其他一些设施也造成额外的处理负担。显然，为分散的农村和快速扩张的城市地区提供服务对于保护稀缺的水资源和提供传统的农业灌溉水源至关重要。

5.2 卫生模式的历史

到目前为止，传统的污水管网和集中式污水处理方案是主要的卫生模式。尽管这种传统的集中式废水管理方案一般不适用于小而分散的社区和迅速扩大的城市周边地区，但应该指出，利用淡水将排泄物冲进污水网并不是最科学的方案，特别是在水资源匮乏的国家。150多年前，当人们对水物理和化学的基本原理知之甚少，微生物学也没有在实践中应用时，才采用这种方法。在19世纪，最大限度地减少致命疾病的爆发是人们主要关心的问题，因此，利用现有的罗马污水管网系统，废水尽可能地从欧洲主要城市运往远离社区的地方。事实上，正如1849年健康委员会主席向英国议会提交的报告所指出的那样，难闻的气味被认为是导致疾病的原因。主席埃德温·查德威克称瘴气是主要致死原因，并决定将伦敦维多利亚城外的所有污水运往Themes河排放。这个概念在其他欧洲城市传播开来，随着时间的推移，这种模式成为主流，导致了公民之间的完全分化——一方面是消费者；另一方面是服务提供者。卫生服务对消费者来说变得无形而舒适，与此相关的风险也从服务社区中消失了。然而，这种模式需要大量的财政补贴，这也限制了模式的推广。目前，全球60%的人口没有得到卫生服务（Rachel et al.，2013），而废水几乎80%未经处理就排放到环境中。显然，如果各国有机会重新开始，废水排放不一定会是今天这个状况。在20世纪，我们对废水的化学、物理和微生物学有了深入的了解，加上资源和能源成本有限等因素，促使我们寻找废水管理的替代方案。其中一个吸引人的方案是通过资源保护和恢复将卫生管理与城市经济发展（Kone，2010）联系起来。这种新的卫生措施将废水带入了最前沿，使得无形的卫生措施再次显示其重要性（Van Vielt et al.，2010）。因此，最近提出的所有卫生替代品都需要高水平的社区（消费者）参与。新模式要求权力下放和可持续性，并建议对有限的资源进行更好的管理，方法是将权力下放到利益相关方，包括利益相关方的参与、技术可行性、经济可行性以及法律和体制安排。所提议的模式可以在非服务性领域（城市、农村或其他地方）得到最好的实施。“旧”和“新”模式之间的主要区别见表5.1。

表5.1　处理水和卫生基础设施的模式转变（van Vielt et al.，2010）

旧模式	新模式	旧模式	新模式
慢实现	快实现	健康、经济、工程	集成的系统方法
规范的技术	适应性解决方案	通过税收、补贴和关税融资	创新融资和商业模式
低社会接受标准	高社会接受标准	集中式能源供应商	分布式能源系统
适合所有人的单一水质类型	根据使用情况提供水质	对资源保护的重视程度降低	高度重视资源节约
低优先级的能源效率	能源效率优先		

尽管新模式带来了实质性的好处，但由于制度环境和缺乏执法等许多原因，它仍然超出了所要求的实施水平。与中央废水管理系统相反，小社区的废水通常不由政府管理。一般来说，它们依赖于住宅小区卫生系统，主要由污水池组成，污水池由自组织的业主根据需要进行处理。例如，在约旦污水池中积累的污水要么被转移到特殊的处理厂，要么在缺乏适当控制的情况下直接非法排放到环境中。此外，在许多执法不力的情况下，由于废水渗入土壤，污水池很少充满，很难给居民带来麻烦，因此家庭没有必要的污水排放网。居民发现，当污水池满了的时候，关闭并创建另一个污水池会更方便，特别是当有土地空间的时候。

社区和城市周边地区在获得可持续卫生服务方面面临的问题是多方面的。主要挑战总结如下：

(1) 在人口较少的地区，排污管网的规模不经济使得常规（有时是非常规的）废水收集系统不可行。

(2) 在创新挑战中，新的卫生模式是需要利益相关者参与，需要高水平的社区（消费者）参与。应该指出的是，社会一般在短期内不会接受，需要专门的、长期的、以实例为导向和设计的宣传。

(3) 大多数政府部门不计划投资非传统的卫生替代方案，例如适当的粪便污泥管理。显然，通过对粪便污泥管理的投资，当局/公用事业公司最终可能处理较少的人均废水量，同时避免了为所有人提供下水管道连接所需的投资（Reymond et al.，2016）。然而，公共部门往往缺乏适当规划和管理小型社区产生的废水所需的能力和奖励措施。此外，低技术的小型污水处理厂或现场处理系统不像大型系统那样引人注目，这使得大型系统对决策者更具吸引力。显然，现有的环境倾向于鼓励高科技，并且仍然遵循到目前为止在集中式废水处理系统中实施的自上而下的方法。

(4) 农村社区和许多城市社区是非正式的。这样的社区得不到当局的认可，因此要政府提供服务几乎是不可能的。

(5) 与集中的卫生服务相比，非传统的可持续卫生服务需要制定不同和宽松的法规，以便实现可持续的商业模式。因此，可能需要不同的体制安排。

鉴于上述挑战以及与提供卫生服务相关的挑战，我们需要创造一个适当的有利环境，使监管、制度安排和社会接受成为优先考虑的事情。此外，技术可行性和经济可行性也是主要关注的问题。约旦在提供卫生服务和使用再生水方面为西亚区域树立了良好的榜样。约旦在为传统的集中和非传统的分散卫生服务创造有利环境方面取得了令人印象深刻的进展。虽然可持续的分散式卫生服务的经验仍然有限，但约旦已经向前迈进，为人口不足5000人的社区规划了一套经过适当调整的可持续卫生政策体系。因为淡水资源非常有限，约旦制定这种政策的主要目的是保护地下水。此外，实现可持续发展目标以及由此产生的国际义务是制定这类政策的另一个主要目的。以下各节将进一步介绍和讨论约旦在为卫生服务和废水使用创造有利环境方面的经验。

5.3 约旦废水灌溉现状

约旦水资源部门的焦点是水资源短缺问题，由于人口增长和经济发展而增加的水资源需求加剧了水资源短缺问题（水和灌溉部，2016年）。难民的涌入加剧了与高人口增长相关的挑战，尤其是由于该地区持续的政治动荡造成的难民潮，据报道难民潮大约有65万叙利亚难民和75万叙利亚居民。此外，气候变化和相关的干旱增加加剧了水资源短缺的挑战。事实上，每年人均可再生水量不超过$100m^3$，远远低于全球严重缺水的阈值$500m^3$。此外，生活、农业和工业部门之间的竞争对水资源的可持续性产生了严峻的挑战。降雨只能支撑5%的土地进行耕种。农业灌溉面积不到全国总耕地面积的10%，农业用水需求约占全国总用水需求的60%，预计灌溉水量达到7亿m^3，而2013年农业对GDP的贡献率仅为 3%～4%（水利部，2016）。事实上，约旦的补贴制度影响到灌溉用水的使用，因此必须严格实行配额制来分配剩余的水资源。合理的水价可以用来优化种植模式和水资源分配，也可以大幅提高农业产量（Olmstead，2014；水利部，2016）。采用不同的灌溉技术，如滴灌，取得了节水增产的效果。

尽管严重缺水，约旦是世界上少有的淡水资源管理相对较好的国家之一。约旦全国水网覆盖率达 97%，是该地区覆盖面积最高的地区之一。此外，约旦目前正在通过需水管理、优化水资源配置、在灌溉中重复使用再生水和通过脱盐提供的淡水资源来改善水的供应。约旦政府最近针对与水资源短缺有关的各种问题制定了若干政策。发布的政策包括分区政策、再分配政策、分散式废水管理政策、2016—2025 年国家水战略和气候变化政策。水利和灌溉部（MWI）目前正在为这些政策制订行动计划，以便优化稀少的水资源的管理。

在农业中使用废水是约旦几十年以来的一项成熟做法，并已被确定为优先事项，稍后将加以说明。该国已经设法为 63%的人口（总计 900 万居民）提供了污水处理网络。全国分布的 31 个污水处理厂正在处理所有收集到的废水。90%以上的废水主要用于农业生产。污水处理厂覆盖不到的人口主要由污水池组成的管理系统提供服务。政府对污水收集和处理的策略和重点是比较全面的：31 个中央污水处理厂预计到 2025 年每年处理 2.40 亿 m^3，约占总量的 16%。所有污水至少应用二级生物处理，约 70%收集的废水进行三级处理。

为了适应气候变化，需要水资源综合管理方法，将废水精确地定位在水循环中。时刻记得废水是唯一可持续和不断增加的水资源，应作为一种资源得到最佳利用。该区域的政治局势，特别是战争难民的涌入，也加剧了约旦境内的水和环境挑战。在不超过约旦的承受能力的情况下，作为东道国，该国必须仔细研究各种政策，以保证难民达到一定标准的生活水平。显然，在考虑人的尊严和公平时，水和与水有关的问题是核心。粮食安全增加了这一挑战，使水和粮食安全共同成为该国的首要任务之一。资源综合管理战略有望发挥重要作用，特别是在农业废水的利用。

约旦仍然面临着一些挑战，这些挑战可以分为两类三组。第一组挑战是关于要求增加废水收集和处理的挑战。这也导致乡村地区零散社区和迅速扩展的城市周边地区的服务比较缺乏。缺乏这种服务对充分利用废水，防止潜在的地下水被污染造成了真正的障碍。传统废水收集系统的投资成本高昂，阻碍了卫生服务向这类社区的扩展。唯一可预见的解决办法是执行新的模式，将分散的可持续的卫生模式作为核心选择。第二组挑战与政策和能力有关，包括缺乏社会文化接受、缺乏法律体系和相关的制度安排。第三组挑战是缺乏科学和政策之间的互动。任何技术进步（与废水有关或其他）通常需要很长时间才能实践应用。促进这些新概念的应用需要示范项目以及高水平的沟通和协调。

增加卫生服务的覆盖面是昂贵的，约旦 2011—2013 年供水部门支出转向卫生服务的提议是朝着扩大覆盖面迈出的重要一步（水和灌溉部，2016）。ISSP（2014）发布的废水总体规划提供了约旦的环境卫生和废水处理的概况，并对废水收集所需的投资进行了合理分配。以下几节介绍了约旦的管理实践和政策是如何演变和支持农业生产使用再生水的。

5.4 约旦废水治理的演变：政策、法律和制度安排

在讨论废水管理法律、政策和再利用标准的演变之前，最好先介绍约旦废水管理方面的政府机构安排。约旦直接或间接参与废水管理和利用领域的政府实体为（ACWUA 2011）：①水和灌溉部（MWI）；②约旦水务局（WAJ）和约旦河谷管理局（JVA）（两者已纳入MWI）；③环境部（MoE）；④卫生部（MoH）；⑤农业部（MoA）；⑥约旦标准与计量组织（JSMO）；⑦约旦食品药品管理局（JFDA）。

5.4.1 与废水管理和使用相关的政策

约旦在1978年采用了其第一个官方废水使用政策（Haddadin et al.，2006）。其中，废水从市政部门收集，并在污水处理厂（WWTPs）处理到可接受的程度。然后，再生水流入最大的大坝King Talal大坝，在那里，再生水被稀释成淡水，混合水从大坝流入约旦河谷，用于灌溉（Ghneim，2010）。这项政策的建立是为了补偿约旦河谷的农民，该河谷的淡水被抽水到了首都安曼，以满足日益增长的城市用水需求。

1998年，内阁批准了一项名为“废水管理政策”的新政策（Ghneim，2010）。这一政策在1998—2009年间一直是政府处理废水管理和再利用的官方政策。该政策中有许多重要的结论（Nazzal et al.，2000），例如：①废水应视为约旦水账户的一部分；②约旦的主要城镇应该有足够的污水收集和处理系统，以保护公众健康和环境；③应将灌溉列为优先行业；④应监测经处理的污水的水质，并向用户发出警报，以防出现任何导致污水水质恶化的紧急情况，在采取采取补救措施之前，不能使用这些水；⑤使用再生水或再生水与淡水的混合水灌溉的作物，应选择合适且经济合理的灌溉用水、土壤类型及其化学成分；⑥应监测用再生水或混合水灌溉的作物；⑦由废水处理过程产生的污泥处理后可以用作土壤改良剂和肥料。应注意遵守有关保护公共健康和环境的规定；⑧推进工业再生水和循环水利用。

约旦2008—2022年的水资源战略被命名为“生命之水”（MWI，2009），专门用一个单独的章节来规划废水战略。该战略制定了几个目标，包括：①保护公共卫生和环境，特别是污水处理厂周边的所有污染物；②处理后的废水应符合国家标准，并进行非周期监测；③所有污水处理厂的运行应符合国际标准，并对人力进行培训，以确保充分运行。

为了在2022年之前实现与废水相关的目标，该战略中规定了方法。下面列出了一些关键方法：①应对每个卫生项目进行环境影响评估，除非已确定此类项目的执行不会对环境产生任何负面影响，否则不得执行此类项目；②至少要根据世界卫生组织和粮食及农业组织（粮农组织）的指导方针，将废水处理过程用于生产适合灌溉用水的水，将处理后的废水用于其他目的应遵守适当的规范；③每个WWTP都将定期监测处理后的废水质量；④鼓励农民使用现代高效灌溉技术，应当采取适当的程序保护农场工人的健康以及防止再生水污染农作物；⑤采用不同的方法，提高市民对未经处理污水的危险及经处理污水不同用途重要价值的认识；⑥加强宣传，以鼓励使用再生水，并提供有关灌溉方法和农产品处理的信息，重点是保护农民的健康和周围环境。

目前的水资源战略（2016—2025年）侧重于污水处理，并作为水资源综合管理的一个组成部分。约旦将在可行的情况下逐步用废水取代灌溉用水。水和废水的定价将根据水资源配置模型重新考虑。如果目标是成本回收，那么这一点至关重要。此外，集中和分散的废水处理和再利用将得到加强，特别关注集中式系统，以服务于更大的农业项目。该战略也不鼓励为人口少于5000人的社区建立污水收集系统。这样的社区人口几乎占约旦总人口的28%。显然，这些社区可以根据现有的需要，与其他可持续废水管理一起提供服务。

5.4.2 与废水管理和使用有关的法律

1955年颁布的第29/1955号《市政法》是约旦第一部与废水管理有关的法律（Ghneim，2010）。根据这项法律，约旦首都安曼和其他城市的政府负责下水道的建设、运营和管理（Ghneim，2010；ACWUA，2011）。1966年约旦政府（Nazzal et al.，2000）通过了第79/1966号《农村和城市规划法》。这项法律使政府机构能够规范废水的处理、收集和排放，避免其造成不便或危害（Nazzal et al.，2000）。

1971年颁布了第21/1971号《公共卫生法》，为废水的控制提供了一个公共卫生体系（Nazzal et al.，2000）。这项法律授权卫生部对再生水的质量进行管理和监测。上文简要介绍过的约旦河谷管理局（JVA）是在1977年通过第18/1977号法律成立的。这项法律也授权联合志愿军对河谷基础设施项目进行规划和建设。因此，JVA负责约旦河流域废水系统的建设和管理（Nazzal et al.，2000）。

1982年颁布了第2/1982号《戒严法》，以处理工业部门增长过快所造成的影响。这项法律的重点是控制工业废水排放到自然水系统，特别是阿曼-扎卡碱（Nazzal et al.，2000）。后来，约旦水务局（WAJ）第34/1983号临时法律于1983年发布。WAJ的责任和义务后来由第18/1988号《水务局法》规定，其中规定WAJ负责执行有关提供家庭和城市水和废水处理服务的政策。其职责包括这些服务的设计、建造和运营，以及监督和管理公共和私人水井的建设，为钻井平台和钻探商以及工程师和持照专业人员颁发许可证，以便执行与水和废水相关的活动（ISSP，2012；ACUWA，2011）。《水务局法》于2001年修订。第28条是为了允许私营部门参与提供水和废水服务，办法是将WAJ的任何职责或项目从公营或私营部门分配给任何其他机构，或分配给WAJ控股或参股的公司。该修正案使WAJ能够将公用事业部门公司化，并加入建造-运营-转让（BOT）合同安排和其他PSP选项（ISSP，2012）。

1988年还颁布了第19/1988号《约旦河谷发展法》。这项法律及其修正案规定，不允许污染约旦河谷的水，也不允许通过从任何来源将任何材料引入河谷造成其污染。这项法律授权JVA承担与约旦河谷水资源的开发、利用、保护和养护有关的一切工作。JVA的其他职责包括（ISSP，2012）：①提高农业用水的效率；②研究、设计、实施、运营和维护灌溉项目，所有主要水坝和集水设施；③捍卫约旦对跨界水域的权利。

1992年，约旦根据第54/1992号附例成立了水和灌溉部（MWI），以便将约旦的水资源管理并入一个组织（Nazzal et al.，2000）。废水处理和再利用的监管是在MWI的职责范围内（Nazzal et al.，2000）。

1996年，卫生部（MoH）发现流入King Talal大坝（KTD）的水被As Samra污水

处理厂排放的再生水污染，并怀疑用这些水灌溉的蔬菜也可以被污染。卫生部还发现，这些蔬菜可能对食用者的健康有害。因此，根据《公共卫生法》中所述的定义，这些蔬菜对人体健康有危害，要求销毁这些蔬菜，并采取必要的程序防止将其运往可能消费的地点。因此，卫生部长批准在上述限制范围内销毁所有在查尔卡河灌溉的蔬菜，并在另行通知之前禁止在所有类型的蔬菜在灌溉中使用查尔卡河的水。根据这项决定，查尔卡河的水只用于灌溉草料、农田作物和树木，条件是在收获前两周停止灌溉。

2002 年，颁布了第 44/2002 号《农业法》。根据该法第 3 条，农业部（MoA）与有关部门合作组织和发展农业部门，无论何时需要这种合作，都是农业部的责任。这是为了实现几个目标，如可持续利用自然农业资源而不破坏环境，以及为环境、牲畜和植物提供保护。该法第 3 条第 3 款规定，农业部将在私营部门不提供基本农业服务或提供这些服务缺乏能力和效率的领域，实现提供基本农业服务的目标。这些服务包括进行与农业生产相关的实验室分析。与土壤盐度有关的研究，研究和观察与该法有关的活动。

第 44/2002 号《农业法》第 15 条 E 款规定，违反本办法第十五条 C 款规定，将废水或再生水用于灌溉农作物的，每 Donum（＝1000 平方米）或部分灌溉用水，处以 50 约旦第纳尔（货币单位）的罚款，并要求在农业部的监督下，将种植的农作物移走销毁。拒不或者拖延移走销毁农作物的，由行政主管部门责令销毁农作物，并由行政主管部门承担费用，接受农业部的监督。

2006 年颁布了第 52/2006 号《环境保护法》。第四条规定，为了实现环境保护的目标，可持续发展环境保护的各项内容，环境保护部会同有关部门做好以下工作：

（1）环境保护部根据所采用的标准认可和认证的特定中心，对环境要素和组成部分进行监测、测量和跟踪。

（2）完善必要的环保法规，保护环境及其元素。根据条件，可以建立农业项目和相关服务的守约，作为项目建设的前置条件。

2008 年颁布了第 47/2008 号《公共卫生法》。该法第十八条 B 表示，在发生疾病暴发或感染时，卫生部必须采取必要的措施来防止这种疾病的传播，如监控公共和私人水资源、种植作物和食品或其他可能感染的方式。该法第 21A 条规定，为防止暴发可能由废水引起的疾病，卫生部的高级工作人员有权委托负责卫生的部门在卫生部规定的时间内采取必要的措施保护公众健康。

第 47/2008 号《公共卫生法》第 51A 条规定，卫生部在与有关部门协调的情况下，根据自己的立法处理废水、下水道网络、室内管道和污水处理厂的监测工作，以确保它们符合卫生条件。卫生部也有责任采取适当的措施，以防对公众健康造成损害。

第 47/2008 号《公共卫生法》第 51B 条规定，如果卫生部发现废水、污水管网、管道或污水处理厂对公众健康可能构成或已构成威胁，则必须采取一切必要措施，防止发生预期的健康风险。

2008 年，颁布了第 41/2008 号《食品药品监督管理局法》。根据本法第五条的规定，按照所采用的技术规范和法律，约旦食品药品监督管理局（JFDA）有权对食品的质量和有效性进行监督。

5.4.3 污水管理与使用的相关标准

参考世界卫生组织制定的原则和法规及美国加利福尼亚州颁布的更严格的原则（Ulimat，2012），约旦已经起草了水质法、废水处理法规、排放到河流和水体的废水处理标准以及灌溉用再生水标准。约旦标准和计量学会负责发布这些标准（JSMO）。

根据世界卫生组织 1989 年（Ghneim，2010）制定的《农业和水产养殖废水卫生指南》，约旦最初实施了废水回用于农业灌溉项目。1989 年世界卫生组织指南继续被使用，直到 1995 年通过了约旦第一个污水使用标准。约旦标准 JS 893/1995 由 WAJ 制定，并得到 JSMO 水和废水技术委员会的批准（ACWUA，2011）。根据约旦标准 JS 893/1995（McCornick et al.，2004），禁止直接使用再生水灌溉生食蔬菜作物，如黄瓜、番茄和生菜。在收获前的 14 天内，喷灌机灌溉以及对作物的灌溉也被禁止（McCornick et al.，2004）。约旦标准 JS 893/1995 中规定了向河流和水体中排放再生水的标准以及水产养殖和地下水补给所用水的标准。

将约旦标准 JS 893/1995 取而代之的是国内废水回用标准 JS 893/2002（ACWUA，2011）。2002 年约旦标准 JS 893/1995 修订的原因如下：

（1）需要扩展约旦标准 JS 893/1995 所涵盖的废水回用活动（ACWUA，2011）。

（2）约旦的蔬菜和水果出口市场受到一些进口国家（如海湾国家）实施的严格的新规定的影响，这些规定禁止进口约旦产品（McCornick et al.，2004）。因此，有必要制定新的标准，以确保提高农民和消费者的安全（Ghneim，2010）。

约旦标准 JS 893/2002 分为标准和指南两大类。约旦标准 JS 893/2002 也解决了地下水补给和再生水排放到河流、河流和蓄水区的问题。约旦标准 JS 893/2002 中有 A、B 和 C 三个灌溉类别。A 类代表灌溉熟食类蔬菜、停车场、城市内的路边和操场。B 类是指灌溉丰饶的树木、绿地和城市外的道路。C 类是指工业作物、大田作物和林业的灌溉。与约旦标准 JS 983/1995 类似，JS 893/2002（MEDAWARE，2005）也禁止将废水直接用于蔬菜生鲜灌溉。通过喷灌的污水只能用于高尔夫球场，而且仅限于夜间。在这种情况下，洒水装置不能整天使用，而且必须是可移动的（MEDAWARE，2005）。与第 893/1995 号法律一样，当再生水用于果树灌溉时，必须在收获前两周停止灌溉。

约旦现行的污水使用标准于 2006 年出台（ACWUA，2011）。现行的约旦标准 JS 893/2006，也包括两个主要的部分，即标准部分和指南部分。标准部分包括由污水处理厂生产的污水必须符合的标准（Ulimat，2012）。指南部分仅用于指导目的，如果超过指南规定的值，最终用户必须进行研究，以验证产生的污水对公共卫生和环境的影响（Ulimat，2012）。这项研究必须包括防止对公共卫生或环境造成损害的建议（Ulimat，2012）。

约旦标准 JS 893/2006 还涉及向河流和水体排放再生水、地下水补给和灌溉。与 JS 893/2002 类似，灌溉分为 A、B 和 C 三类。然而，JS 893/2006 还增加了一个灌溉类别，即插花灌溉。约旦标准 JS 893/2006 适用约旦标准 JS 893/2002 关于直接再利用再生水灌溉生吃蔬菜、喷灌和果树灌溉的原则。

根据约旦标准 JS 893/2006 中的质量监控部分，拥有污水处理厂的实体和管理实体必须确保再生水的质量符合其最终用途的标准（Ulimat，2012）。实验室检测必须由监测和操作实体根据约旦标准 JS 893/2006（Ulimat，2012）中规定的采样频率进行。约旦标准

JS 893/2006 的评价委员会规定，如果任一指标不符合排放到天然河流或水体的标准，则必须收集另外一个确认样本（ACWUA，2011）。如果两个样品超过了标准允许的限度，则通知相关方尽快采取纠正措施（ACWUA，2011）。

最近，参考世卫组织指南（2006），约旦标准 JS 1766/2014 被作为指南（非强制性）发布，以规范灌溉用水的使用，包括再生水。在目前的指南中，作物限制的水平是由灌溉水质和灌溉系统共同决定的。它还包括一个部分，可根据含盐量选择不同水质再生水灌溉作物。后者是灌溉用水的主要问题，特别是在约旦河谷。

在约旦，目前采用的监测再生水灌溉作物的方案是基于若干国际标准（ACWUA，2011）。这些标准定义了样本收集、制备和分析时需要遵循的方法。最重要的标准是（ACWUA，2011）：①新鲜水果和蔬菜抽样标准第 1239/1999 号；②水果、蔬菜和衍生产品-分析前有机物的分解-湿法，标准第 1246/1999 号；③水果、蔬菜和衍生产品-分析前有机物的分解-灰化法，标准第 1247/1999 号。

5.5 政策实施及其影响

到目前为止，约旦在制定废水综合管理政策和标准方面已经取得了相当大的成就。实际上，WAJ 的再利用理事会负责管理废水的使用过程。农民必须向董事会提出申请，才可以使用再生水。根据该地区的情况，再利用理事会与农民达成协议，分配一定数量的水。到目前为止，该协议只允许种植牧草和果树。水表和阀门安装在污水处理厂内，由 WAJ 员工控制。再生水通过输水管道输送到邻近的农场，并直接用于灌溉。

值得一提的是，虽然约旦的法规和标准（即根据《农业法》第 44/2002 号第 15C 条和约旦标准第 893/2006 号颁布的废水处理、咸水和微咸水使用的法规和条件）允许用再生水灌溉蔬菜（即直接用于熟食蔬菜），但 WAJ 至今仍将再生水直接灌溉的范围限定在饲料作物、橄榄树和森林树木。如果农民在现行标准范围内获得灌溉蔬菜的许可证，经济回报将会显著提高（Majdalawi，2003）。

5.5.1 挑战

根据 2003 年 5 月 21 日第 57/11/6826 号公报，水务署在水务署秘书长的监督下，成立了全国再用水协调委员会。委员会的其他成员还代表了皇家法院、环境部、卫生部、农业部、约旦瓦莱管理局、国家农业研究和技术转让中心、皇家科学学会、农民联盟、大学和私营部门。委员会的主要任务是协调再利用理事会（以前称为废水再利用科），以消除各部之间功能重叠。然而，委员会并不积极，机构的运转几乎没有任何改善。

如前所述，违反有关再生水回用的规定将会破坏有关作物，并处以罚款。然而，约旦废水使用标准没有得到充分执行。尽管已经实施了监测项目，以确保在水质和灌溉作物类型方面符合法规，但农民并不总是符合这些条件。

这些标准的难以落地可以归因于几个方面（Ghneim，2010）：

（1）某些处理厂超负荷运转。因此，产生的废水质量并不总是符合约旦标准 JS 893/2006。许多污水处理厂正在进行升级改造。

(2) 约旦的污水排放和使用标准相对严格，因此，很难达到要求。

(3) 由于涉及的利益相关者相对较多，如 MoA、MWI、JVA、WAJ、MoE 和 MoH 等，可能造成了职责重叠和缺乏协调（ACWUA，2011）。由于缺乏明确的协调机制，导致不同利益相关者之间存在着一些任务的多重重复，导致资源的流失。

(4) 一些农民在再生水与水库内的淡水混合之前，使用排入河流的再生水进行无限制的灌溉。这种灌溉方法被认为是非法的，违反了约旦标准 JS 893/2006。更不用说缺乏灌溉水源的地区了，农民们可能会因为缺乏知识而采用这种做法。

(5) 财政资源的缺乏可能会影响某些违规行为的监测。

(6) 尽管淡水资源稀缺，但用于灌溉的废水回用受到地下水等淡水资源的竞争。这是由于灌溉用水中使用淡水的费用较低，因此能够获得淡水的农民没有动力使用再生水。

除了已经讨论过的，还有一些问题与再生水的优化利用有关，而不是其质量。首先，对作物形态缺乏明确的政策是优化利用这一水源所面临的挑战。一般情况下，农业部必须根据不同的因素建立作物模式。尽管农业部在引导农民建立作物模式方面做了一些尝试，但人们认为这些尝试还不够全面。例如，在采用的方法中缺少市场营销，这导致失去了农民信任。农民们不赞成提议的种植模式。现有的极低的灌溉水费不利于控制当地水资源利用量。水费是 0.014 美元/m^3，这阻碍了节约用水或水资源的最佳利用。

为了提高废水管理的可操作性和再利用标准，可以采用多种解决方案。其中，以下几项可以优先考虑：

(1) 应在不同的利益相关者之间建立协调计划。例如，监控程序是一个机构的责任，但结果可以在不同的监管机构之间共享。利用每个政府机构的能力进行部分监测，而不同的监测机构的数据仍然可以汇编并在它们之间分享，以便最大限度地利用有限的财政资源。然后可以做出协调的决定。

(2) 应加强公众宣传运动，以提高水的价值。应向农民提供特别培训方案，目的是引进最佳的农业种植制度以优化用水，但也要提高产品质量和销售效益。

5.5.2 影响

在考虑直接使用再生水时，大多数农民采用沟灌或畦灌。这主要是由于灌溉目前仅限于饲料作物、橄榄树或其他果树。只有使用 WadiMusa 污水处理厂排放的水的农场（表 5.2）才采用滴灌系统，这是美国国际开发署资助的为佩特拉市和周边村庄服务的项目的一部分。事实上，不超过 10 费尔/m^3（0.014 美元/m^3）的水费不利于这些农场的水资源保护，因此难以发展更高效的灌溉用水系统。其他的不利因素可能与农民最大化经济收益的目标有关。

表 5.2　废水处理厂及其附近的经处理废水的使用情况

废水处理厂	废水量 (MCM/yr)①	回用废水量 (MCM/yr)①	废水处理厂及附近的灌溉面积 /Dunum①	灌溉作物的类型①	与农民达成的协议数量②	再生水直接回用的百分比② /%	多余废水的去处①	再生水直接和间接再利用的百分比① /%
As Samra	87	87	3990	橄榄和果树	34	15	King Talal 坝	100
Al-Fuheis	0.8	0.8	30	饲料	1	4	Wadi Shu'aib 坝	100
Al-Ramtha	1.4	1.4	1302	饲料	22	100	—	100

续表

废水处理厂	废水量(MCM/yr)[①]	回用废水量(MCM/yr)[①]	废水处理厂及附近的灌溉面积/Dunum[①]	灌溉作物的类型[①]	与农民达成的协议数量[②]	再生水直接回用的百分比[②]/%	多余废水的去处[①]	再生水直接和间接再利用的百分比[①]/%
Madaba	1.8	1.8	1213	饲料和橄榄树	27	100	—	100
Al-Baq'a	4.1	4.1	437	托儿所和马球场	15	13.6	King Talal 坝	100
Kufranja	0.9	0.9	812	森林树木	10	100	—	100
Al-Karak	0.7	0.7	609	饲料和森林树木	8	100	—	100
Al-Mafraq	0.6	0.6	660	饲料	18	100	—	100
Al-Salt	2.2	2.2	100	橄榄和果树	5	4.4	Wadi Shu'aib 坝	100
Ma'an	0.8	0.4	357	饲料	9	47	河流	47
Al-Ekeider	1.0	0.961	1069	橄榄和果树	17	100	—	100
Al-Sharee'a	0.1	0.1	181	橄榄和果树	16	100	—	100
Wadi Al-Seer	1.2	1.2	62	橄榄树	1	4.3	Al-Kafrain 大坝	100
Wadi Hassan	0.4	0.4	721	橄榄和果树	1	100	—	100
Wadi Mousa	0.9	0.9	1069	饲料和橄榄树	38	100	—	100
Abu Nuseir	0.9	0.18	75	观赏植物	1	20	Bereen 河	22
Al-Aqaba/natural plant	2.0	2.0	1580	棕榈树、防风林和绿地	4	100	—	100
Al-Aqaba/mechanical plant	2.6	2.6	—	绿地	1	100	—	100
Al-Tafileh	0.5	—	—	—	无	0	CMior Fifa	0
Al-Lajoon	0.3	—	—	—	无	0	Al-Lajoon 河	0
Wadi Al-Arab	3.7	—	—	—	无	0	Jordan 河	0
Al-Talibeyeh	0.1	0.1	—	森林树木和观赏植物	无	100	—	100
Tai Al-Mantah	0.1	0	—	饲料	无	0		0
Al-Mi'rad	0.3	0.3	—	—	1	0	King Talal 坝	100
Central Irbid	3.0	—	—	—	无	0	Jordan 河	0
Jarash	1.2	1.2	—	—	无	0	King Talal 坝	100
Wadi Shalala[②]	0.8[②]	—	—	—	无[②]	0[②]	Jordan 河[②]	0[②]

注 ① 原始资料来自 WAJ (2012)。
② 原始资料来自 WAJ (2013)。

在约旦河谷，农民主要通过诸如带塑料盖的滴灌系统等间接使用方式来避免过度蒸发，如图 5.1 所示。由于灌溉水与作物之间没有接触，这种做法也对作物的微生物安全产生了积极的影响。

图 5.1 约旦河谷间接利用滴灌处理废水的灌溉系统

如前所述，灌溉废水的间接使用主要发生在约旦河谷中部和南部（ACWUA，2011）。灌溉废水的间接使用方式是漫灌（Ammary，2007）。然而，向约旦河谷管理局（JVA）提供的淡水供应日益减少，因为耶尔穆克河和边瓦迪斯河的流量减少，以及约旦河流域的降雨量减少（ISSP，2012）。在约旦河谷中部和南部用再生水进行间接灌溉的作物包括葡萄、蔬菜、柑橘、香蕉和某些类型的核果（Ammary，2007）。根据 JVA 和农业部 MoA（2010）的数据，2010 年约旦河谷中部和南部的 212525Donum（1 Donum＝0.1hm^2）的土地是用再生水间接灌溉的。在大坝将再生水与淡水混合之前，位于下游的 WWTPs 河流的农民使用这些河流排放的再生水进行无限制的农作物灌溉（Ghneim，2010）。

2013 年，污水处理厂产生的污水中约有 23.82％直接用于灌溉（WAJ，2013）。表 5.2 详细列出了在每个污水处理厂或其附近直接使用再生水进行灌溉的情况，如灌溉作物的类型和种植面积。2012 年，污水处理厂产生的再生水总量为 1.18 亿 m^3，同年，污水处理厂再生水灌溉的总面积为 14266 Donum（WAJ，2012），约占直接或间接用再生水灌溉总土地的 6％。表 5.2 还显示了农民与约旦水务局之间的协议数目。这些协议规定了污水直接用于污水处理厂附近农田灌溉的条件。

滴灌系统比沟灌系统更有效，但更昂贵。此外，滴灌系统必须平均 5 年定期更换一次。当农民只被允许进行限制灌溉时，就不鼓励他们使用更有效的用水系统，因为这种灌溉方式创造的收入没有漫灌创造的收入多（Majdalawi，2003）。因此，转向对农民有更好经济回报的高价值作物是一个双赢的局面，这将导致更有效灌溉用水系统的应用，并可能更好地接受更高的水价。如果按照世界卫生组织（2006）指南的建议，并由 JSMO 最近对再生水回用相关的风险进行认真管理，可行性将显著提高。

5.6 小　结

约旦是西亚少数几个能很好地管理其稀缺水资源的国家之一。全国水网覆盖率达97%，为区域最高水平之一。此外，约63%的人口拥有污水处理网络。所有收集的废水都至少经过二级处理，而70%以上的废水经过三级处理。再生水90%以上主要用于灌溉。初步制定的政策清楚地表明政府愿意增加卫生服务和扩大再生水的农业再利用。集中和分散的污水处理都被认为是可行的方法。2016年公布了一项单独的废水分散化管理政策，目标是28%的人口。政府目前正在制定执行政策的行动计划。

控制再生水用于农业生产在约旦已经实行了几十年。这种做法最初的原因是淡水资源的严重短缺影响了农业部门。事实上，最近出台的政策明确规定，只要可行，用于灌溉的淡水将逐渐被再生水取代。约旦的废水处理很早就受到重视，因此现在得到了高度的管制和控制。尽管进行了必要的协调，但是各地政府的任务是控制污水质量和采取一切必要的行动，以确保产品安全和公众健康。对农业废水回用进行了高强度、不必要的限制；到目前为止，直接排放污水只能用于饲料作物和树木。此外，废水处理厂的废水在任何情况下都不能用于可生吃的作物的灌溉。只有在再生水与其他淡水资源混合后，才允许可生吃的作物的灌溉。尽管约旦污水灌溉的实践已经很成熟，但要使污水灌溉的效益最大化还有很多工作要做。该行业得到了高额补贴，因此，必须重新考虑水价。这也适用于所有其他淡水资源。因此，最近的水资源战略（2016—2025年）考虑了基于水资源分配模型的水价计算。此外，通过向经济作物转移，可以最大限度地提高效益。这就要求约旦水务局取消对灌溉用再生水的不必要限制，更好地简化标准，并重新考虑执行的标准。此外，通过制订集水区的卫生安全计划，强烈建议采用基于世界卫生组织（2006）指南制定的JS 1766/2014标准。

参 考 文 献

Abuzeid, K. (2014). An Arab perspective on the applicability of the water convention in the Arab region: key aspects and opportunities for the Arab countries. In *Workshop on Legal Frameworks for Cooperation On Transboundary Water. Tunis, 11 - 12 June, 2014.*

Abuzeid, K., & Elrawady, M. (2014). 2nd Arab State of the Water Report. Center for Environment and Development for the Arab Region and Europe and Arab Water Council.

AFED. (2014). Water efficiency handbook: Identifying opportunities to increase water use efficiency in industry, buildings, and agriculture in the Arab countries.

Almazroui, M. (2012). Dynamical downscaling of rainfall temperature over the Arabian Peninsula using RegCM4. *Climate Research*, *52*, 49 - 62. http://www.int-res.com/articles/cr_oa/co52po49.pdf.

Ammary, B. (2007). Wastewater reuse in Jordan: Present status and future plans. *Desalination*, *211*, 164 - 176.

Arab Countries Water Utilities Association (ACWUA). (2011). *Safe use of treated wastewater in agriculture: Jordan case study*. Amman, Jordan: Nayef Seder (JVA) and Sameer Abdel-Jabbar (GIZ).

GEO-6. (2016). *Global environment outlook. Regional assessment for West Asia*. United Nations Environment Program (UNEP). ISBN 978 - 92 - 807 - 3548 - 2.

Ghneim, A. (2010). *Wastewater reuse and management in the Middle East and North Africa: A case study of Jordan*. Ph. D. Dissertation, Technical University of Berlin, Germany.

Glass, N. (2010). The water crisis in Yemen: Causes, consequences and solutions. *Global Majority E - Journal*, *1* (1), 17 - 30.

Haddadin, M., & Shteiwi, M. (2006). Linkages with social and cultural issues. In: M. J. Haddadin (Eds.), *Water resources in Jordan: evolving policies for development, the environment, and conflict resolution. Issues in water resource policy*, (pp. 2011 - 235). Washington, DC: Resources for the Future.

ISSP. (2012). *Water valuation study program*. USAID/Jordan: Institutional Support and Strengthening Program (ISSP).

ISSP. (2014). National Strategic Wastewater Master Plan Final Report. http://pdf. usaid. gov/pdf _ docs/PA00JRPX. pdf. Accessed 30 September 2017.

Jordan Valley Authority (JVA) and Ministry of Agriculture (MoA). (2010). Annual Report. JVA and MoA, Amman, Jordan.

Kone, D. (2010). Making urban excreta and wastewater management contribute to cities' economic development: A paradigm shift. *Water Policy*, *12* (4), 602 - 610.

Majdalawi, M. (2003). *Socio -economic and environmental impacts of the reuse of water in agriculture in Jordan. Farming systems and resources economics in the tropics No 51*. Dissertation. Hohenheim University, Stuttgart, Germany.

McCornick, P. G., Hijazi, A., & Sheikh, B. (2004). From wastewater reuse to water reclamation: progression of water reuse standards in Jordan. In: C. Scott, N. I. Faruqui, & L. Raschid. (Eds.), *Wastewater use in irrigated agriculture: confronting the livelihood and environmental realities*, Wallingford: CABI/IWMI/IDRC.

MEDAWARE. (2005). *Development of tools and guidelines for the promotion of the sustainable urban wastewater treatment and reuse in the agricultural production in the mediterranean countries*. Project Acronym (MEDAWARE), Task 5: Technical Guidelines on Wastewater Utilisation.

Meslemani, Y. (2008). *Climate change impacts and adaptation in the eastern Mediterranean/Syria: Draft UNFCCC initial national communication for Syria. Demascus*, Syria: Ministry of State for Arab Affiars.

Ministry of Water and Irrigation. (2016). *National water strategy of Jordan, 2016 - 2025*. http://www. mwi. gov. jo/sites/en - us/Hot%20Issues/Strategic%20Documents%20of%20%20The%20 Water%20Sector/National%20Water%20Strategy (%202016 - 2025) - 25. 2. 2016. pdf. Accessed on September 30, 2017.

MWI (2009). *Water for life: Jordan's water strategy 2008 - 2022*. http://www. mwi. gov. jo/sites/enus/Documents/Jordan _ Water _ Strategy _ English. pdf.

Nazzal, Y. K., Mansour, M., AL Najjar, M., & McCornick, P. (2000). *Wastewater reuse laws and standards in the Kingdom of Jordan*. Amman, Jordan: The Ministry of Water and Irrigation.

Olmstead, S. M. (2014). Climate change adaptation and water resource management: A review of the literature. *Energy Economics*, *46*, 500 - 509.

Rachel, B., Jeanne, L., & Jamie, B. (2013). Sanitation: A global estimate of sewerage connections without treatment and the resulting impact on MDG progress. *Environmental Science and Technology*, *47* (4), 1994 - 2000.

Reymond, P., Renggli, S., Luthi, C. (2016). Towards sustainable sanitation in an urbanizing world.

In: M. Ergen (Ed.), *Chapter 5 in the bool sustainable urbanization*. Intech Printing. ISBN 978 - 953 - 51 - 2653 - 9, Print ISBN 978 - 953 - 51 - 2652 - 2.

Rowling, M. (2014). *Iraq's environment water supply in sever decline*. Washington: Thomson Reuters Foundation News.

Sipkin, S. (2012). *Water conflict in Yemen. ICE case studies* (*235*). http://www. 1. american. edu/ted/ice/yemen - water. htm.

Ulimat, A. (2012). Wastewater production, treatment, and use in Jordan. In: *Second Regional Workshop: Safe Use of Wastewater in Agriculture, New Delhi, India*, 16 - 18 May 2012.

UNEP. (2016). *Global environment outlook: Regional assessment for West Asia*. United Nations Environment Program (UNEP). IBSN 978 - 92 - 807 - 3548 - 2.

Van Vliet, B., Spaargaren, G., & Oosterveer, P. (Eds.). (2010). *Social perspectives on the sanitation challenge*. Dordrecht: Springer. ISBN 978 - 90 - 481 - 3721 - 3.

Water Authority of Jordan (WAJ). (2012). *Quantities of Treated Wastewater Exiting WWTPs and Used Directly and Indirectly for Irrigation*. Technical Report. Amman, Jordan: Water Reuse and Environment Unit, WAJ.

Water Authority of Jordan (WAJ). (2013). *Agreements with farmers for purposes of reusing treated wastewater in irrigation*. Technical Report. Amman, Jordan: Water Reuse and Environment Unit, WAJ.

WHO (2006). *Guidelines for the safe use of wastewater, excreta and grey water* vol 2. wastewater use in agriculture. Published by the World Health Organization. ISBN: 92 4 154683 2.

第 6 章

制定实施世界卫生组织的卫生安全计划指南：约旦经验

Maha Halalsheh，Ghada Kassab，Khaldoun Shatanawi 和 Munjed Al－Shareef

尽管世界卫生组织（WHO）发布的在农业中使用废水、灰水和排泄物的指南已有相当长的一段时间，但由于实施困难，大多数国家都未采用这些指南。因此使这些指南适用的关键步骤即是制订详细的实施计划，该计划最近被称为卫生安全计划（SSP）。该计划最终确定不同的权力机构和其余参与者在整个实施过程中的角色和责任。世界卫生组织出版的手册，为 SSP 的发展提供了逐步指导。一个国家制订详细的卫生安全计划（SSP）通常需要一个适当的框架。该框架应制订与实施过程相关的角色和责任，并在投资详细的 SSP 之前将其介绍给不同的主管部门以获得反馈和批准。本章首先简要介绍了 SSP 及其框架，然后进一步介绍了约旦的实例，其中的世卫组织 2006 指南得到了验证，并与不同的权威机构协商制定了 SSP 框架。由于对极其有限的水资源管理的高需求，约旦在灌溉废水利用方面拥有相对先进的经验。因此，该国制定了 JS 1766/2014 指南，该指南适用于世卫组织 2006 年废水管理方法，旨在充分利用资源。新指南允许使用废水进行漫灌。限制措施转向农业实践和其他下游实践，这些实践被认为能保证产品符合现行标准。在此背景下开发的框架支持当前的标准，并为详细的 SSP 的开发奠定了基础。

关键词： 污水，灰水，排泄物，农业卫生安全计划（SSPs），卫生安全计划（SSP），指南实施框架

6.1 世界卫生组织安全使用废水指南

世界卫生组织（WHO）指南（WHO 1989）对农业中安全使用废水进行了“指导”，该指南规定了污水处理厂（WWTP）污水的质量参数限值。尽管该指南解决了与废水中存在的病原体相关的健康风险，但末端治理技术始终被视为安全用水的基础。准确来说，设定最大允许值以确定可用于农业灌溉的再生水的质量有两个主要缺点。首先，估计在全球范围内仅有 10％的再生水被利用（Murtaza et al.，2010）。这意味着大约 90％的废水在被排放到水体后间接地再利用，或者直接在灌溉农业中重复利用。这种做法既不受控制也没有指导，显然没有被世卫组织指南所涵盖（1989）。其次，有证据表明在污水处理厂下游或在农业生产中重新使用之前储存的污水，污水或污染物会再恶化。因此，设定质量

参数不足以保证处理厂下游的废水再利用安全。

出于对上述问题的需求，必须在农业废水利用的控制方式上进行重大转变。2006 年发布的世界卫生组织指南便是这些要求的结果。从 2006 年指南（世卫组织，2006）可知废水管理方法的明显转变，包括需要让不同的利益相关方参与确定风险和风险缓解战略。

该指南结合农业实践，阐述了污水处理厂废水质量，旨在安全地再利用不同的废水。图 6.1 显示了世卫组织如何将其管理边界从处理厂下游转移到农业领域，并进一步扩展到食物链的其他部分。在这一综合办法中，耕作制度是最重要的；该办法未排除最低限度处理的废水被安全地用于农业。应当指出，还应进一步考虑可能对农产品产生影响的其他耕作制度。例如，杀虫剂的使用可能导致非传染性疾病，正如有机氯农药的情况一样，有机氯农药是已知的致癌物质。这类杀虫剂在土壤中积累，很容易进入食物链（Batarseh et al.，2013）。因此，必须结合世卫组织指南（2006）提出的与废水处理利用有关的其他做法，考虑最佳的耕作制度。另一个相关的例子涉及病原体产生的污染，病原体来自未加工的粪肥。事实上，使用淡水的农业灌溉并不意味着产品符合强制性标准，因为水质不是产品质量的唯一决定因素。因此，人们认为应该从综合的角度考虑农业用水，水质是其中的一个要素。其他输入变量与水一样重要，如肥料质量和农药应用。

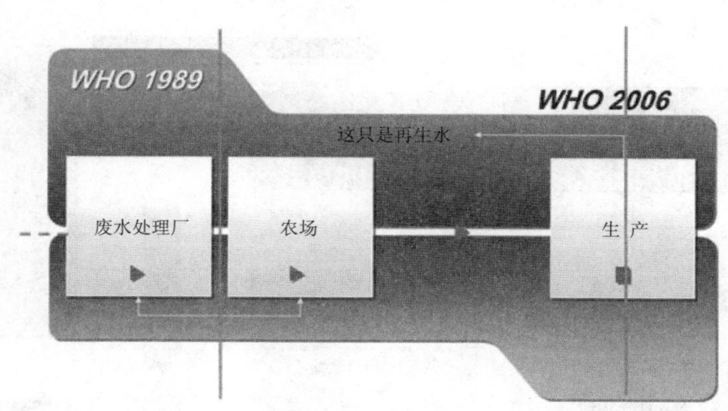

图 6.1 卫生方法从末端技术（世卫组织，1989）向综合管理方法（世卫组织，2006）的模式转变

尽管世卫组织指南（2006）给出的整个系统是完整的，但缺乏详细的管理计划限制了其适用性。显然，各国以及同一国家内部的管理计划预计会因变量不同而有所不同。在制订适用的管理计划以及在计划实施阶段，应强调不同利益相关者之间的协调作用。可以为整个卫生链建立计划，也可以根据现有条件逐步制订计划。此外，可以设计管理计划，以应对未经处理的污水用于农业生产时的紧急情况（例如，重点关注微生物危害的风险管理）；而当污水得到妥善处理时，可以制订更全面的计划，其中良好的耕作制度可以处理额外的化学危害。无论如何，该方法的两大支柱是：第一，确保公共健康；第二，确保生产安全。在较小程度上，可以考虑实施这些方法对环境的影响。

为实现上述目标和执行世卫组织指南（2006）而提出的管理计划称为卫生安全计划(SSPs)。SSPs 会优先考虑风险并利用有限的资源来应对最高风险，从而实现逐步改进。

最近 SSPs 制定了一份手册，提供分步指导，以协助执行世卫组织关于在农业中安全使用废水、排泄物和灰水的指南（2006）（世卫组织，2015a，2015b）。它制订一个框架，可以加强对该系统的了解，并有助于准确制订详细的 SSPs，这被认为是在卫生安全计划（SSPs）之前的一个步骤。该框架提供单一共享平台所需的体制概念结构，并作为有关当局的信息工具。

本章旨在描述卫生安全规划中的步骤，并以约旦为例，对世卫组织指南（2006）在当地条件下进行了测试，并制订了卫生安全规划框架。本书介绍的约旦经验证明，即使污水质量由处理端控制，也有必要开发和采用 SSPs。

6.2 卫生安全计划（SSPs）

SSPs 的开发是仿照斯德哥尔摩预防性风险评估和管理框架进行的。它遵循了与制订水安全计划（Wsp）几乎相同的方法（Davison et al.，2005）。与 Wsp 类似，SSPs 还包括三个主要部分：系统分析与设计、运行监控与管理计划，如图 6.2 所示（Davison et al.，2005）。下面的小节将简要介绍这些组件以及所需的支持程序。

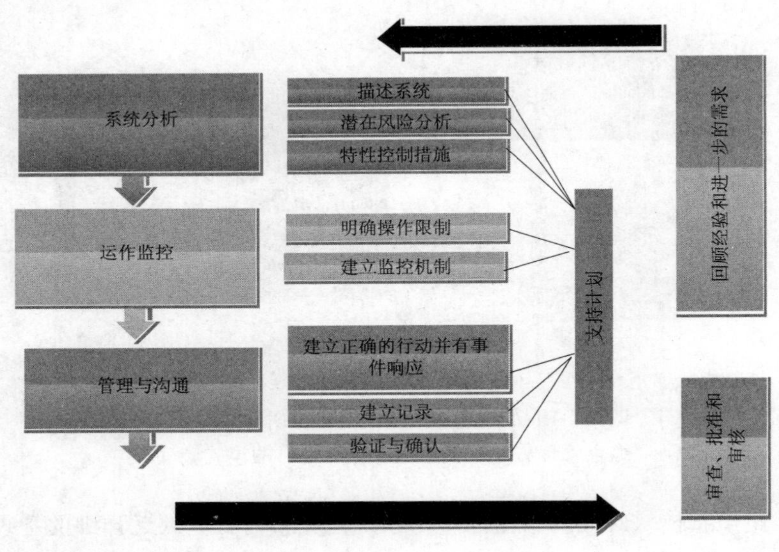

图 6.2 SSPs 的组成

6.2.1 系统分析

系统分析包括三个连续步骤：

（1）系统描述，包括整个步骤（从厕所到农场，然后到桌子），最好用流程图来表示。该流程图可详细描述系统。

（2）风险分析，可识别所有潜在风险（有可能造成危害的生物、化学、物理和放射制剂）、其来源、可能的风险事件，并评估每个潜在的风险（Davidson et al.，2005）。

（3）控制措施，这是确保实现健康目标所需的一系列步骤。它们是必须应用于最小化风险的行动或活动。

例如，在农场一级，采用滴灌系统会阻断微生物危害转移。或者，可以应用其他阻断措施（控制措施），如图 6.3 所示，这些措施将在后面进一步详述。控制措施和监测频率应反映失控的可能性和后果。在任何系统中，可能存在许多风险并且可能存在大量控制措施。因此，重要的是对风险进行排序以确定优先级（Davison et al.，2005）。

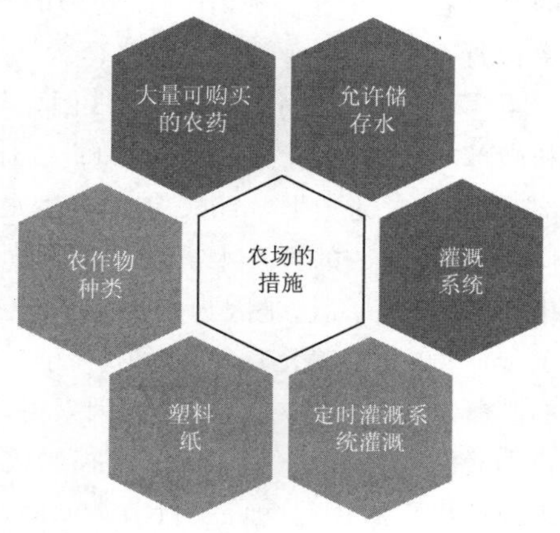

图 6.3 可在农场一级实施的控制措施（障碍）示例

6.2.2 运行监测

明确导致安全实践的操作限制是至关重要的。操作限制不一定意味着风险的集中，而是一种能够解释监测目标的控制测量性能指标。

绩效监控依赖于建立“什么”“如何”“何时”和“谁”原则（Davison et al.，2005）。监测的目的是及时监测控制措施，防止在农业中不安全地使用废水。同时应该建立一个监测计划，并保存所有监测记录。

6.2.3 管理与沟通

当监测显示偏离了既定的运行限制时，需要采取纠正措施，以恢复运行并确保农业废水使用的安全。应明确说明在哪种情况下应采取的行动。此外，必须要生成适当的文件和报告。

6.2.4 保障计划

保障计划包括确保控制过程中的所有活动，如标准操作程序、卫生实践和提高社区意识。因此，保障计划不是 SSP 的直接组成部分；但是它们在维护操作环境和确保适当控制方面极为重要。

由于上述描述仍然是理论性的，因此可以通过一个实际例子来实现更好的解释。本章的其余部分旨在提供这样的示例，其中约旦可以作为存在明确政策并鼓励农业废水再利用的典范。约旦标准和计量组织（JSMO）最近发布了基于世卫组织指南（2006）的农业废水再利用标准 JS 1766—2014。发行的标准确实需要详细的实施计划，但该计划尚不存在。作为第一步，SSPS 框架已建立，并将进一步用于推进详细的实施计划。

6.3 约旦 SSPs 框架的发展

约旦面积约 89000km^2。超过 94%的人口使用配水网络，而污水网络覆盖约占 63%（MWI，2016）。其收集的废水正在处理当中，且几乎所有的废水都被用于农业部门。2014 年，约旦处理了 1.28 亿 m^3 废水，排放到河道或直接用于灌溉以及其他预期用途（MOE 2016）。预计到 2025 年（MWI，2016），废水利用量将增加到 2.35 亿 m^3，占总水量的 16%。收集到的废水约 70%在 As - Samra 污水处理厂处理，该厂设有三级脱氮处理。这家污水厂服务于安曼和扎尔卡两个城市，有一半的人口居住在那里。其余30%收集的废水在27个至少采用二级处理的污水处理厂进行处理，在大多数情况下，BOD去除效率接近95%。

再生水直接或间接用于灌溉（例如与地表水混合后）。间接使用主要应用在约旦河谷中部和南部的漫灌（ACWUA，2011；Carr et al.，2011）。根据约旦河谷管理局（JVA）和农业部（MOA）的数据，2010年用再生水间接灌溉了21253公顷土地（JVA和MOA，2010）。2013年，约24%的再生水被直接用于灌溉（Waj，2013）。大多数农民在直接利用再生水时采用沟灌或畦灌。这是因为灌溉仅限于饲料作物、橄榄树或其他果树。事实上，不超过10费尔/m^3（0.014美元）的水价不利于这些农场的节水，因此该做法不会激励农民使用更高效的灌溉水系统。另一个负面的因素可能与农民要求经济收益最大化有关。更有效的灌溉系统，如滴灌（SSPS中建议的一种控制措施），确实更加昂贵。此外，滴灌系统每5年必须定期更换。由于农民只允许实行节水灌溉，并不会创造像漫灌的产品相等的收入（Majdalawi，2003），所以他们不乐于投资于更有效的灌水系统。因此，转向让农民去种植具有高回报的高价值作物是一个双赢的局面，这将促使他们应用更有效的灌水系统，并可能更好地接受更高的水费。如果他们能按照世卫组织指南（2006）的建议，认真管理与再生水使用相关的风险，双赢局面是可以实现的。

2013年，世卫组织指派一个由约旦大学和德国约旦大学组成的联合体开展一项旨在为约旦制订战略支持计划框架的研究。研究的目的是：①通过实验在约旦范围内验证世卫组织指南（2006）；②利用上述结果制订所需的框架。

这项研究既不打算致力于制订健康基础目标、定量微生物风险分析和其他风险评估方法，也不着眼于风险评估的综合理论。它选择了最保守的目标，即减少6logs大肠杆菌，并以尽可能好的结果为目标。

该研究进行了基准分析，显示了约旦废水管理的现状，并明确了各利益相关者的角色和责任。与再生水回用和其他现有农业实践相关的风险也被确认并优先考虑。这项研究没有涉及确定疾病的途径和受影响人群。这种识别被认为是详细SSPs的一部分。研究界限从污水处理厂的废水开始，重点放在农场层面上的实践，如图6.4所示。应该指出的是，整个卫生链并不是该研究的目标。特别是从运输到消费者手中的要素并不局限于用处理过的废水灌溉的农产品。此外，此研究不考虑工业废水和污水处理厂产生的污泥，虽然两者都可以用于农业。

6.3.1 世卫组织指南验证设计实验（2006）

为了验证世卫组织（2006）在约旦方面的指导方法，进行了两项实验。它们的目标和描述会在下面的小节中介绍。

6.3.1.1 第一次实验

第一个实验的目的是验证生蔬菜污染的主要来源。这是在两个露天农场进行的。

（1）第一个农场位于扎卡河畔，该河畔被用作该地区的灌溉水源。该河流年径流量的大部分为Kherbit As-Samra废水处理厂排放的再生水。第一个农场种植了西葫芦、卷心菜和甜椒。对于每种类型的农作物，作物之间的间距为50m。每行之间的距离为1.2m，每行内的植物距离为0.40m。耕作前土壤性状测定见表6.1。这三种作物得到了相同类型

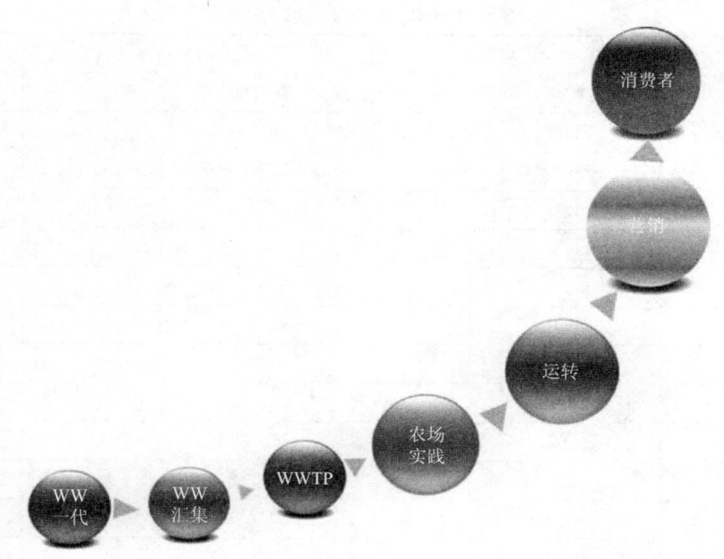

图 6.4　实施的研究边界

的灌溉水。由于在整个试验季节内，没有向地块施用肥料，因此除了施用肥料外，该地区采用的耕作制度都是按照农耕做法进行的。

表 6.1　　**扎卡河试验农场土壤特性**

参　数	单位	样　本　Ⅰ		样　本　Ⅱ		样　本　Ⅲ	
		深度 0～20cm	深度 20～40cm	深度 0～20cm	深度 20～40cm	深度 0～20cm	深度 20～40cm
土质		黏土壤土					
沙	%	37.30	41.40	37.40	38.10	31.70	33.60
泥	%	28.10	26.00	32.40	29.90	34.10	32.10
黏土	%	34.60	32.60	30.20	32.00	34.10	34.30
有机碳	%	3.00	2.40	2.00	2.40	3.00	2.80
TN	%	0.17	0.14	0.16	0.16	0.16	0.16
pH（1∶2）	SU	8.13	8.09	8.24	8.24	8.13	7.72
Ec at 25C（1∶2）	μs/cm	431.00	488.00	285.00	366.00	1004.00	1923.00
硼	mg/kg（干重）	4.08	3.75	<0.24	4.05	5.29	5.43
钙（可交换且可提取）	mg/kg（干重）	5420.00	5520.00	5380.00	5202.00	5420.00	5310.00
镁（可交换且可提取）	mg/kg（干重）	1520.00	1440.00	1592.00	1545.00	1763.00	1994.00
钠（可交换且可提取）	mg/kg（干重）	122.00	297.00	79.10	135.00	461.00	716.00
TCC	MPN/gm	<0.3	<0.3	<0.3	<0.3	<0.3	<0.3

第一个农场由扎尔卡河直接排放的水灌溉，水质见表 6.2。采用地上滴灌系统。在每排中间放置滴水管，滴水器之间的距离为 40cm。

表 6.2　　灌溉水特性/扎卡河试验农场

参　数	单　位		JS(893/2006)①
pH 值		8.2 (6)②	6～9
悬浮固体总量（TSS）	mg/L	20.2 (6)	50
溶解固体总量（TDS）	mg/L	1157.0 (6)	1500
COD	mg/L	57.3 (6)	100
BOD	mg/L	6.8 (6)	30
钠	mg/L	208.3 (6)	230③
钙	mg/L	53.5 (6)	230①
镁	mg/L	25.8 (6)	100②
钾盐	mg/L	34.5 (6)	
总氮	mg/L	15.9 (6)	45
铵态 NH_4	mg/L	0.3 (6)	—
硝态氮	mg/L	47.6 (6)	30
碳酸盐	mg/L	3.2 (6)	
总碱度	mg/L	204.0 (6)	
硼	mg/L	8.2 (6)	1.0③
大肠杆菌	MPN/100mL	2353(4)＞160,000(1)＞1600(1)	100
大肠菌群	MPN/100mL	1.4×10^4(4)＞160,000(1)＞1600(1)	

注　① 表示用于灌溉熟食类蔬菜。
② 表示括号之内的值是样本数。
③ 为指导值。

(2) 第二个用地下水灌溉的农场位于约旦东北部的 Al－Mafraq 省（32°20′04.71″N；36°18′28.19″E），使用饮用水进行灌溉。第二个农场种植了西葫芦、卷心菜和甜椒。每种作物的种植面积为 40000m^2。每 20000m^2 配有一条干管，向每侧 100 排供水。行距 1.2m，行内株距 0.4m。

Al－Mafraq 农场采用具有表 6.3 所示质量的地下水及地下滴灌系统进行灌溉。滴灌带被放置在每个滴灌行的中间，滴灌器之间的距离为 40cm。

表 6.3　　灌溉水特性/马夫拉克农场

参　数	单　位		参　数	单　位	
pH 值		7.9	总氮	mg/L	5.2
悬浮固体总量（TSS）	mg/L	＜5	铵态 NH_4	mg/L	1.1
溶解固体总量（TDS）	mg/L	478	硝态氮	mg/L	14.54
COD	mg/L	15	碳酸氢盐	mg/L	146
BOD	mg/L	＜3	碳酸盐	mg/L	＜2.5
钠	mg/L	111	总碱	mg/L	120
钙	mg/L	49	大肠杆菌	MPN/100mL	
镁	mg/L	45	大肠菌群	MPN/100mL	＜1.8
钾盐	mg/L	＜0.4			

6.3.1.2 第二次实验

为了验证世界卫生组织指南（2006 年）为农业中安全使用废水、灰水和排泄物制订的健康保护措施，第二个实验是在位于阿布·纳西耶（Abu－Nussier）废水处理厂的温室中进行的。温室没有暖气，侧板有被动通风，种植面积为 $200m^2$。选定的作物是番茄和生菜。温室被划成 12 个样地，大小为 3m×4m。选定 6 个样地用番茄栽培并用地面滴灌灌溉，其余 6 个样地用生菜栽培并用地下灌溉灌溉。移栽 2～3 周龄，密度 2.5 株/m^2。土壤特性见表 6.4。

表 6.4 阿布努西尔污水处理厂试验场的土壤特性

参数	单位		
		深度 0～20cm	深度 20～40cm
土质		黏土	
砂	%	25.00	27.50
淤泥	%	32.50	30.00
黏土	%	42.50	42.50
有机碳	%干重	0.58	0.44
TN	%干重	0.07	0.06
pH（1∶2）	SU	8.46	8.18
Ec at 25C（1∶2）	μs/cm	374.00	593.00
硼	mg/kg（干重）	22.90	23.60
钙（可交换且可提取）		6242.00	6356.00
镁（可交换且可提取）		1405.00	1013.00
钠（可交换且可提取）		321.00	380.00
TCC	MPN/gm	<3	<3

用三种水质进行灌溉，见表 6.5：①二级处理出水（SE）；②消毒二级出水（DSE）；③淡水。每种灌溉水用于每种栽培作物两块地的灌溉，即每种灌溉水用于两个番茄地和两个生菜地的灌溉。采用地面滴灌技术，对高生长番茄进行了栽培试验。每个番茄地块由 3 排植物和相应的 3 条滴灌带组成，滴灌带之间的间距为 1.2m，滴灌带内滴灌器之间的间距为 0.4m，滴灌器密度为 2.5 个/m^2。滴头流量为 4L/h，采用地下滴灌栽培生菜。每块地有 3 排植物。地下滴水管道被放置在每一排植物的中心，埋深 10cm。滴注器之间的距离为 40cm，流量为 1.6L/h。滴灌器向上放置，以尽量减少堵塞问题。

表 6.5 灌溉水特征/阿布·努西尔污水处理厂试点农场

参数	单位	初级处理	次级处理	消毒处理	约旦标准（893/2006）
硫					
pH 值	Unit	7.806（6）	7.6（6）	6.6（6）	6～9
悬浮固体总量（TSS）	mg/L	<5（6）	10.2（6）	7.5（6）	50

续表

参　数	单　位	初级处理	次级处理	消毒处理	约旦标准（893/2006）
溶解固体总量（TDS）	mg/L	374（6）	727.2（6）	821.6（6）	1500
COD	mg/L	14（6）	55.8（6）	38.4（6）	100
BOD	mg/L	＜3（6）	17.4（6）	17.3（6）	30
钠	mg/L	55.0（6）	136.5（6）	148.1（6）	230
钙	mg/L	29.2（6）	38.1（6）	45.7（6）	230
镁	mg/L	13.7（6）	17.594（6）	18.0（6）	100
钾	mg/L	16.4（6）	26.5（6）	28.4（6）	
总氮	mg/L	2.52（6）	13.9（6）	10.2（6）	45
铵态 NH_4	mg/L	0.3（6）	3.6（6）	7.7（6）	—
硝态氮	mg/L	6.9（6）	5.7（6）	1.6（6）	30
碳酸盐	mg/L	＜2.5（6）	＜2.5（6）	＜2.5（6）	
总碱度	mg/L	100.2（6）	207.8（6）	99.5（6）	
大肠杆菌	MPN/100mL		600(2)＞1600(1)＞16,000(1)		100
大肠菌群	MPN/100mL	＜1.8	920(1)＞1600(2)＞16,000(1)	＜1.8	—

6.3.2　样品收集，分析和结果

灌溉期间，进行了10次采样，收集了灌溉水样本。所有样品均为抓取样品，收集后将其存储在冷却箱中，并在采样当天转移到当地实验室进行分析。

在收集当天开始对大肠杆菌的水样进行分析。所有参数均根据《水和废水检查标准方法》（APHA 2012）进行了分析。这两个实验，在种植前、灌溉期间和收获前进行土壤采样。灌溉期间的采样与灌溉相协调，因此可以在灌溉的同一天或灌溉后的1～3天内收集土壤样品。用土钻在滴水喷头25cm半径内收集土壤样品。将土壤核心分为上层土壤部分（0～20cm）和下层土壤部分（21～40cm），分别进行分析。在灌溉开始之前，分别从扎卡河试验农场和阿布努西尔污水处理厂试验农场采集了一个由18个土样和6个土样组成的复合样本。在灌溉期间和收获的后期，在扎卡河试点农场收集了每种土壤的由6种核心组成的复合样本。对于阿布努西尔污水处理厂试点农场，在灌溉期间和收获后期，从每个地块收集了由每个土壤部分的由2个核心组成的复合样本。将复合样品存储起来，直到在采样当天运送到RSS实验室进行分析。

对于每种产品，在每次灌溉发生后的2天，3天以及偶尔4天后收集样品。西葫芦、甜椒和番茄样品由10～12种农产品组成。生菜和卷心菜的样品由1种产品组成。对于扎卡河试点农场，除白菜外其余样品在两个生产阶段中采摘、收储和包装，前者仅在采摘时才收集。在收获阶段，农场工人立即将样品收集到项目人员所持的采样袋中。此外，为了避免来自农场工人潜在的污染，项目人员还戴着消毒手套并使用消毒设备收集样品。至于包装阶段，项目人员在农场工人包装后收集了样品。对于参考农场（即马夫克拉农场），样品是在采摘、收获，包装和运输各个阶段收集的。对于阿布努西尔污水处理厂试点农

场，仅在收获阶段收集样品。

6.3.2.1 第一次实验的结果

从扎卡河试验农场采集的西葫芦样品进行的微生物分析（表 6.6）显示，在最后一次灌溉 2 天和 4 天后收集的所有样品（无论是在收获阶段还是在包装阶段）总大肠菌群、大肠杆菌和沙门氏菌均为阴性。然而，在最后一次灌溉 3 天后收集的两个样品之一检出了总大肠菌群和大肠杆菌为阳性。对于卷心菜，结果显示（表 6.7），除了在停水两天后收集的一个样品，所有收集的样品中总大肠菌群和大肠杆菌均呈阴性。因此，根据这些结果，我们既不能支持也不能反驳所采取的卫生措施。即采用地表滴灌、地膜覆盖、允许病原菌消灭 2～4 天的方法是完全有效的，达到了减少病原菌的要求。

表 6.6　　西葫芦/扎卡河试验农场的微生物质量

参　　数	上次灌溉 2 天后		上次灌溉 3 天后		上次灌溉 4 天后	
	收储时	包装后	收储时	包装后	收储时	包装后
大肠菌群/(CFU/g)	0/2	0/2	1/2 2×10^3	1/2 6×10^2	0/2	0/2
大肠杆菌/(CFU/g)	0/2	0/2	1/2① 5×10^2	1/2 2×10^2	0/2	0/2
沙门氏菌（每 25g 未检出）	未检出/2	未检出/2	未检出/2	未检出/2	未检出/2	未检出/2

注　① 呈现的结果是显示总大肠菌群或大肠杆菌计数高于 10CFU/g 的样品数相对于测试样品的总数。

表 6.7　　扎卡河农场/大白菜生产的微生物质量

参　　数	上次灌溉 2 天后	上次灌溉 3 天后
	收获时	收获时
大肠菌群/(CFU/g)	1/4	0/4
大肠杆菌/(CFU/g)	1/4	0/4
沙门氏菌（每 25g 未检出）	—	—

注　呈现的结果是显示总大肠菌群或大肠杆菌计数高于 10CFU/g 的样品数相对于测试样品的总数。

对于胡椒，结果（表 6.8）表明，在收获阶段收集的所有样品的大肠杆菌污染均低于 10CFU/g，这表示使用地面滴灌，覆盖并允许病原体在 2 天内死亡足以实现所需的病原体减少。但是，如果不按照既定的保护措施进行处理，包装过程可能会带入污染。总之，结果表明，由于地表滴灌在土壤表面施水，高秆作物受到污染的可能性较小，因为植物的可食部分没有直接暴露于灌水。此外，确定的非灌溉期也有助于将农作物表面的大肠杆菌浓度降低到允许水平（即 10CFU/g）以下。

表 6.8　　扎卡河农场胡椒生产的微生物质量

参数	上次灌溉 2 天后		上次灌溉 3 天后		上次灌溉 4 天后	
	收获时	包装后	收获时	包装后	收获时	包装后
大肠菌群/(CFU/g)	0/4	0/4	0/4	0/4	0/4	3/4
大肠杆菌/(CFU/g)	0/4	0/4	0/4	0/4	0/4	3/4
沙门氏菌（每 25g 未检出）	未检出/4	未检出/4	未检出/4	未检出/4	未检出/4	未检出/4

注　呈现的结果是显示总大肠菌群或大肠杆菌计数高于 10CFU/g 的样品数相对于测试样品的总数。

对于参考农场（阿尔-马夫拉克），结果（表 6.9）显示在三个生产阶段（即收储、包装和运输）西葫芦受到污染的证据。因此，为消除农场工人在收获过程中产生的任何污染，项目人员收获了 8 个西葫芦样品并进行了检查；在 8 份样品中，有 4 份检测到污染。结果表明，无论是农场工人还是项目人员在收获时还是包装后，卷心菜和甜椒都受到了总大肠菌群污染。这些结果清楚地表明灌溉水不是唯一的污染源。就马夫拉克农场而言，根据 Oliveira 等人（2012）的研究结果，预测施用肥料是污染源。

表 6.9　　参考样品/Mafraq 农场的微生物质量

参　数	夏　南　瓜			
	收获时		包装后	运输后
	由农场工人采摘	员工挑选		
大肠菌群/(CFU/g)	2/4	4/8	4/4	1/2
大肠杆菌/(CFU/g)	2/4	4/8	4/4	1/2
沙门氏菌（每 25g 未检出）	未检出/4	未检出/8	未检出/4	未检出/2
参　数	**卷　心　菜**			
	收获时		包装后	运输后
	由农场工人采摘	员工挑选		
大肠菌群/(CFU/g)	2/2	4/12	2/2	—
大肠杆菌/(CFU/g)	0/2	0/12	0/2	—
沙门氏菌（每 25g 未检出）	未检出/2	未检出/12	未检出/2	—
参　数	**胡　椒**			
	收获时		包装后	运输后
	由农场工人采摘	员工挑选		
大肠菌群/(CFU/g)	1/3	4/4	2/2	2/2
大肠杆菌/(CFU/g)	0/3	0/4	0/2	0/2
沙门氏菌（每 25g 未检出）	未检出/3	未检出/4	未检出/2	未检出/2

6.3.2.2　第二次试验结果

每种处理的番茄果实在最后一次灌溉 1 天和 2 天后收集。从每个地块采集一到两个样本，每个样本由 10～12 个番茄果实组成。采集的样本包括从植物下部（离地约 30cm）、中部和上部采集的果实。此外，在最后一次灌溉两天后进行的取样活动中，收集了用二次污水灌溉并接触地面（即覆盖物）的番茄果实的两个样本。结果（表 6.10 和表 6.11）表明，滴灌、覆盖的高秆作物病原体消灭至少 1 天的时间，即使对于接触地面的水果也具有微生物安全性。

表 6.10　　最后一次灌溉 1 天后取样的西红柿微生物质量

参　数	淡　水	二级污水	消毒废水
大肠菌群/(CFU/g)	0/3	0/7	0/7①
大肠杆菌/(CFU/g)	0/3	0/7	0/7
沙门氏菌（每 25g 未检出）	未检出/3	未检出/7	未检出/7

注　① 呈现的结果是显示总大肠菌群或大肠杆菌计数高于 10CFU/g 的样品数相对于测试样品的总数。

表 6.11 上次灌溉事件两天后采样的番茄果实的微生物质量

参　数	淡　水	二级污水	消毒废水
大肠菌群/(CFU/g)	0/5	0/6	0/6
大肠杆菌/(CFU/g)	0/5	0/6	0/6
沙门氏菌（每 25g 未检出）	未检出/5	未检出/6	未检出/6

对于生菜，灌溉 2 天后收集样品结果（表 6.12）显示，所有测试样品的总大肠杆菌水平均低于 10CFU/g。表明使用地下滴灌并允许病原体在 2 天后消灭的农作物在微生物学上是安全的。

表 6.12 上次灌溉事件两天后生菜样品的微生物质量

参　数	淡　水	二级污水	消毒废水
大肠菌群/(CFU/g)	0/3	0/3	0/3
大肠杆菌/(CFU/g)	0/3	0/3	0/3
沙门氏菌（每 25g 未检出）	未检出/3	未检出/3	未检出/3

6.4 风险的识别和优先级

风险可以是任何可能对环境、人类或财产造成伤害的压力源。风险是任何可能造成伤害的生物、化学、物理或放射媒介。风险事件是指可能导致风险（可能发生的事情以及如何发生）的事件或情况。风险识别是寻找导致健康或环境特定不利影响发生率增加的压力源的过程。风险是概率，它是在指定的时间范围内对暴露人群造成危害的可能性，包括危害和后果的严重程度。从上一部分的结果可以看出，与污水灌溉有关的风险无法与耕作方式完全区分开，特别是在约旦。约旦的耕作方式受到许多的因素的影响。主要因素有：①天气情况和季节变化；②化肥和农药的施用（施用方式和时间安排）；③灌溉水质；④采摘和存储习惯；⑤环境卫生；⑥农产品的处理；⑦应用的灌溉系统。

下文指出了由于废水灌溉或使用农药/肥料而产生与农业生产有关的风险。

6.4.1 废水灌溉带来的风险

许多研究人员评估了再生水灌溉对健康和环境的负面影响。Carr 等人（2011）指出，在约旦使用废水进行灌溉可能会有害土壤，但可以通过采用适当的农场策略来管理水对土壤的影响。废水可以满足约旦典型农场化肥需求的 75%（Carr et al.，2011）。但是，过量的养分可能降低产量，产量具体降低多少则取决于作物。与再生水刺激有关的主要风险清单（Kalavrouziotis et al.，2008；Kazmia et al.，2008；Feldlite et al.，2008；Khan et al.，2008；Walker et al.，2008；Li et al.，2009）包括：

（1）病原体可以在环境中存活足够长的时间，从而传播给人类并成为严重的健康威胁。

（2）再生水可能导致重金属向农作物的运输（如果是工业废水）。

（3）营养素失衡可能对作物产量造成毒性和不利影响。

(4) 人类易受硝酸盐毒性的影响，由于硝酸盐代谢，婴儿特别容易患高铁血红蛋白血症。

(5) 再生水有可能诱发盐分，并可能减少作物产量。

(6) 再生水可能通过土壤渗漏，从而影响地下水质量（硝酸盐和致病性污染）。

(7) 再生水可能导致灌溉系统问题（例如滴灌系统堵塞）。

许多研究人员还从生物物理和社会经济方面讨论了废水灌溉对环境健康和治理的效益和风险（Hanjra et al.，2011，2012；Hussain et al.，2002）。Hanjra 等人（2012）讨论了使用废水灌溉的局限性，包括：养分管理、作物选择、土壤特性、灌溉方法、健康风险法规、土地和水权以及公众教育和认识。但是，废水灌溉还可以减少粮食生产的水足迹和能源足迹，获得碳信用额度，并有可能为适应和缓解气候变化做出贡献。

Carr 等人（2011）指出，根据约旦农民的报告，滴灌排放口因悬浮固体、矿物沉淀或藻类生长而堵塞。然而，这也并不排除淡水灌溉就不会堵塞，因为约旦的硝酸盐（促进藻类生长的主要化合物）的可接受限度为 50mg/L。此外，还表明高 pH 的废水降低了农药的有效性（Carr et al.，2011）。因此有必要开展讨论并提高对废水回用的认识，以更有效地利用再生水。

6.4.2 农药和化肥的风险

有证据表明，农药所含的化学物质会对人类和其他生命形式构成潜在风险，并对环境产生有害的副作用（Igbedioh，1991；Forget，1993）。相关危害主要与农药残留物有关。对农作物的分析表明，当农产品中的农药残留超过最大允许限量时，可能对人类和动物的生命造成严重影响。另外，农药对许多其他生物可能有毒害，包括鸟类、鱼类、有益昆虫和非目标植物。在详细的安全计划中，应根据当地生产的农药和进口的农药编制农药清单。在得出关于约旦农业实践的结论之前，应由环境部（MOE）和农业部（MOA）进行研究分析。在任何情况下，农药的副作用（风险）都可能扩大，仅列出以下几种：①已知某些农药残留具有致癌性；②地表水和地下水污染；③对土壤盐分和肥力的影响；④污染空气，土壤和非目标植被；⑤非目标生物（如有益细菌）可能会受到威胁。

关于肥料，研究结果表明，大多数肥料中的有害成分通常不会对人体健康或环境造成危害（EPA，1999）。然而这项研究提出的结果表明，如奥利维拉（Oliveira，2012）等人的研究结果所支持的那样，未堆肥的粪便可能是严重的污染源，并可能对人类健康构成威胁。

6.4.3 优先考虑的风险

保护人员、财产和环境避免风险是当务之急。但是，由于时间和资金的限制，无法立即关注可能存在的各种风险。因此，至关重要的是决定应最先应对哪些风险，哪些风险可以在以后应对或者不应对。确定要针对管理目标的风险称为“风险优先级”。有很多方法可以确定风险优先级。为此，采用了美国联邦应急管理局（FEMA）开发的 FEMA 模型。在 FEMA 模型中，每种风险都是使用一些定量标准单独进行评级，并分别给出数值分数。由于 FEMA 模型以数值的方式分别判断各种风险，因此它可能提供比其他可用的模型更令人满意的结果。在确定风险优先级时，没有“正确”的答案，但会有一些风险被认为比其他风险更严重。联邦应急管理局评估和评分系统采用的四个主要标准如下：

（1）历史。如果过去曾发生过某种紧急情况，则已知存在足够的危险条件和易引起事件的脆弱性。

（2）脆弱性。这一标准根据脆弱群体、人口密度、人口群体的位置、财产的位置和价值以及医院等重要设施的位置等因素，确定可能脆弱的人数和财产价值。

（3）最大威胁。这基本上是假设最可能发生的严重事件和最大影响的最坏情况。它是用人身伤亡和财产损失来表示的。

（4）概率。事件发生的可能性，以每年发生的概率表示。由于一些危险没有历史先例，因此有必要同时对历史和可能性进行分析。

FEMA 标准评估见表 6.13。根据严重程度，结果分为低、中或高。

表 6.13　　联邦应急管理局评估体系

标准			评价
历史记录：是否发生过紧急事件		<100 年内发生 2 次	低
		100 年内发生 2～3 次	中
		>100 年内发生 3 次	高
脆弱性	人	达到 1%	低
		1%～10%	中
		>10%	高
	财产	达到 1%	低
		1%～10%	中
		>10%	高
最大威胁：受影响社区的面积		5%	低
		5%～25%	中
		>25%	高
概率：每年发生紧急事件的概率		<1/1000	低
		1/1000～1/10	中
		>1/10	高

每次评估都有一个分数：低的评估为 1 分，中的评估为 5 分，高的评估为 10 分。一些标准被认定为比其他标准更重要。因此，建立了以下权重：历史权重×2、脆弱性权重×5、最大威胁权重×10、概率权重×7。将得分乘以权重，然后将四个结果相加，为每个风险提供一个综合得分。FEMA 模型建议阈值为 100 点。所有超过 100 点的风险可能在应急准备中得到更高的优先级。总得分小于 100 分的风险，虽然优先级较低，但仍应予以考虑。对于所有已识别的风险和具有相同风险的一系列情况，应重复此过程。与农业废水使用相关的风险列于表 6.14。应用 FEMA 模型对这些风险进行排序给出的结果见表 6.15。这些结果表明，在农场一级最大的风险在于农药的存在和使用，因为农药在

农产品中是残留的，而且可能是有毒的。第二个风险来自废水中发现的病原体造成的污染或使用未经堆肥的肥料。

受致病性污染风险影响最大的群体是农民及其家庭，其次是消费者。但是应当指出，农民也可能受到间接影响，因为这些风险可能影响家庭收入，从而对儿童教育和医疗保险产生负面影响。在详细的安全计划中，应明确识别和管理受影响的群体。

表 6.14 农业再生水回用的相关风险

危害排序	危害描述及相关途径
1	营养不平衡；养分过剩或不足可能会导致毒性，并对作物产量产生不利影响
2	溶解固体的积累可能会降低农作物的产量
3	工业废水中的重金属可能污染农作物
4	再生水可能浸出或渗过土壤剖面，从而影响地下水质量
5	病原体可能传播给人并成为严重的健康威胁
6	农药对人类和其他生命形式构成潜在风险，并对环境造成不良影响（直接接触）
7	农产品中的农药残留
8	农药可能对其他生物（包括鸟类、鱼类等）有毒
9	农药可能导致地表水和地下水污染
10	农药可能对土壤肥力有影响
11	未堆肥的农作物污染

表 6.15 约旦再生水农业灌溉和耕作方式的危害等级

危害排序	历史（×2）		脆弱性（×5）		最大威胁（×10）		可能性（×7）		总计
1	低	2	高	50	中	50	低	7	102
2	中	10	低	5	低	10	中	35	60
3	中	10	中	25	低	10	中	35	80
4	低	2	低	5	低	10	低	7	24
5	低	2	低	5	高	10	低	7	24
6	低	2	高	50	高	100	低	7	159
7	高	20	中	25	中	50	低	7	102
8	高	20	中	25	高	100	中	35	180
9	高	20	中	25	高	100	中	35	180
10	高	20	中	25	中	50	低	7	102
11	中	10	中	25	中	50	低	7	92
12	高	20	中	25	高	100	低	7	152

6.4.4 风险管理

如前所述，源自废水或肥料的农药残留和病原体污染是最主要的风险。到目前为止，与病原体有关的风险已得到控制，如图 6.5 所示。该图确定了优先风险及其来源和应用的控制措施。然而目前对农药残留的控制过程还不清楚，而且 MOA 在农药残留控制中的作用似乎也没有体现，如图 6.5 中的问号所示。WAJ 和 MOH 目前正在实施控制措施。作物类型限制是迄今为止唯一采用的控制措施。尽管该方法在控制病原体方面取得了成功，但仍有局限性，特别是考虑到废水利用的全部潜力。参考先前讨论的实验结果和其他文献（世卫组织，2015a，2015b），很明显，即使对灌溉水质的限制较少，也可以实现健康保护。这对于浇灌可以生吃的蔬菜尤其如此。预计生吃蔬菜的收入会增加，这有力地证明了废水处理利用方案的灵活性（Majdalawi，2003）。根据这一类比和实验结果（世卫组织，2015a，b）结合世卫组织指南（世卫组织，2006），提出了图 6.6 中概述的方案。

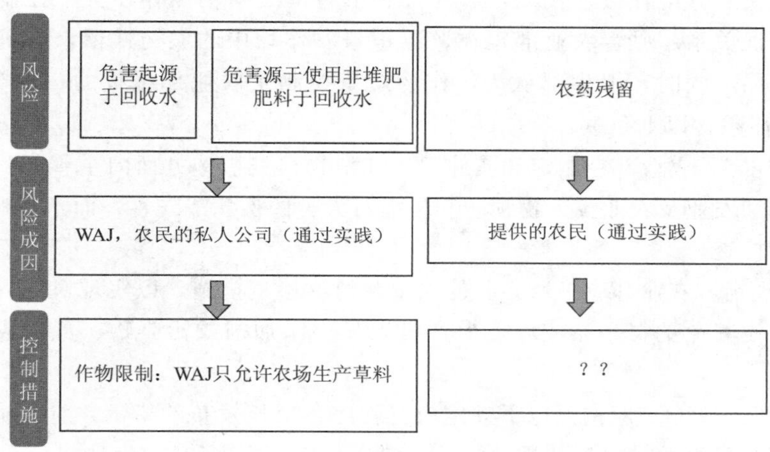

图 6.5　约旦废水直接利用的危害管理现状

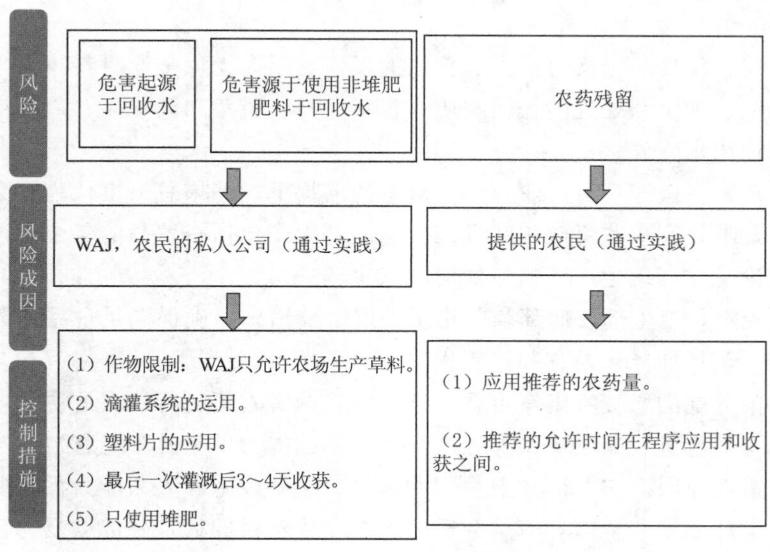

图 6.6　拟采取的优先危害控制措施

6.5 SSPs 实施框架建议

自 1978 年约旦第一个废水回用政策制定以来，农业废水处理得到了重视。1998 年进一步制定了政策，将废水作为用水计划的一部分，优先考虑农业灌溉。在“生命之水”主题下发布的最新政策强调了充分利用废水的重要性。现有的政策确实令人鼓舞，并为建立一个最佳的再生水管理展示区创造了良好的环境。

卫生部（MOH）、农业部、约旦水务局（WAJ）和教育部的法律法规正在控制出于不同目的再生水的使用。显然，不同的主体之间存在一些重叠。需要建立协调的行动，并确保更好地定义和分配任务。例如，农业部和卫生部之间仍然存在关于控制和确保灌溉作物质量的辩证关系。尽管农业部正在监测进口农作物中的农药残留，但仍不愿控制当地的非加工食品。同时，卫生部认为，作物质量控制是农业部授权的一部分。MOA 第 44/2002 号法律包含以下条款：

第 5B 条规定，农业部在制定和实施卫生和植物检疫措施方面向主管部门负责，以确保通过动植物和农业及农业投入物预防和传播对人类的疾病或伤害，而不影响任何有关部门对食品进行检查。

第 7B 条规定，农业部应采取必要的卫生和植物检疫措施，以实现对约旦的人畜健康的适当保护，使其免受农产品或农业生产投入品中添加剂或污染物、毒素或致病生物的危害。

第 8 条规定，MOA 应按照以下规定执行程序：部长发布的指示，对于确保农产品和农业投入品符合卫生和技术条件是必要的，包括采样、检查和控制程序。

卫生部在 2003 年修订的《食品管理法》中纳入了以下相关条款。该修正案与 2001 年第 79 号法律如下：

第 2 条规定：将食品定义为供人类食用的任何材料，无论是原材料还是半加工或制造的用于食品制造、加工和处理的任何物质（包括饮料、腌菜和调味品、口香糖），化妆品、烟草、药品和饮用水除外。

第 3 条规定：在遵守现行《农业法》规定的前提下，如果总干事认为有必要进行这种协调，卫生部是唯一有权监督健康和食品控制的部门，包括在贸易的各个阶段对人类消费的适宜性，无论是在当地生产还是与任何国家协调进口。

第 11a 条规定，卫生部按照部长的指示采取必要措施，确保满足食品和健康条件，或实施卫生措施，包括抽样、检查和控制程序。

为每个部门分配的职责肯定有重叠，这就需要两者之间进行认真的协调，以充分控制生产。除了现有的重叠和缺乏协调外，这两个部委的能力不足是不愿就控制当地生产作物的风险作出决策的原因。农业部和卫生部的机构、基础设施和人力能力都需要改进。通过世卫组织、开发计划署、全球环境基金适应气候变化项目的约旦分部以及约旦食品和药物管理局（JFDA）建立了测量作物致病性污染物的能力。另外，农业部有能力监测进口或本地生产的作物中的农药残留。

6.5.1 情景分析

显然，实施 JS1766/2014 将需要付出更多的努力来建立一个明确的机构，以控制整个农业过程而不是再生水的质量。因此，提出了以下两种方案。

6.5.1.1 方案一

该方案建议在卫生部设立一个单位，其职责如下：

(1) 对直接或者间接申请再生水使用的农民发放许可证。

(2) 控制和监测农产品的农药残留和致病性污染。JFDA 的能力也应相应提高。由于污水处理厂数量有限，也必须直接从农场采集样本。

(3) 被检样品不符合认可标准的，采取纠正措施。授权在漫灌中使用再生水需要对用户进行 MOA 推荐的良好农业实践培训和认证。农业部还应批准施用化肥和农药的数量和来源。WAJ 必须每年向 MOA 和 MOH 提供与灌溉水质相关的数据。关于未堆肥的肥料，约旦目前有大约 5000 个堆肥机。控制如此多的堆肥机对 MOA 来说是一个挑战。一种解决办法是建立协会，并使这些协会负责最终产品的质量控制。自动将废水用于更广泛的农业生产，必须落实 MOA 的职责，以控制农业领域的所有投入，包括肥料、农药和灌溉水质。

6.5.1.2 方案二

MOA 的一个既定单位和 JFDA 的另一个既定单位分担责任。MOA 的单位应由主管植物资源助理秘书长直接负责（参考 MOA 组织结构图）。本单位负有下列职责：

(1) 为直接或者间接申请再生水使用的农民发放许可证。应根据最佳农业实践和农民培训证明发放许可证。

(2) 控制和监测农产品的农药残留。样品必须直接从农场采集。

(3) 控制和监督农场的农业做法，并批准其与许可证的相容性。

(4) 如果测试样品不符合公认标准的产品质量，或者农业实践不符合许可实践，则采取纠正措施。

在这两种情况下，通过农业推广活动激活农业部的作用，对提高农民认识良好农业做法至关重要。一种做法是 MOA 可以建立适当实施 JS1766/2014 所需的培训计划。另一种做法是证明私营部门可以执行必要的培训计划。

两种方案的优缺点见表 6.16。虽然第一种方案将责任集中在 JFDA 的一个部门，但根据第 44/2002 号法律，它限制了 MOA 的作用。另外，JFDA 和卫生部利用每个机构可用的资源和能力进行责任分配。但是，它也具有与更高级别的所需协调和一些有限的重复相关的限制。

表 6.16 负责再生水回用管理方案的优缺点

方案	优势	劣势
方案一	监控职责集中在一个单元中	需要 JFDA 的重要建设能力 限制 MOA 的作用
方案二	利用 JFDA 和 MOA 的能力 更适合每个部门分配的法律角色	需要农业部和卫生部之间更高层次的协调 样品必须收集两次（资源浪费）

6.5.2 利益相关者咨询

为了执行有关地方指南，即 JS1766/2014（更多信息见第 5 章）所需的安排和为实施单一共享平台而制订的设想框架，向决策者进行咨询，并举行了两次圆桌讨论会。决策者代表主要政府机构参与拟议准则框架。水利部、WAJ、JVA 和 MOA 的秘书长或助理出席了圆桌讨论会。主要成果总结如下：

（1）卫生部与世卫组织一样，认识到控制整个链条以把控目标农产品质量的重要性。

（2）通过实施世卫组织指南（2006）和经调整的 JS1766/2014 指南提出的概念，可以降低与废水处理相关的成本，特别是三级处理的成本。因此，可以为约旦的额外卫生服务争取预算。

（3）后续行动对于最终制订详细的 SSPS 极为重要。在贸易条约和出口方面，这一点极为重要。

（4）为了提高对废水使用的认识，为实施 JS1766/2014 做好准备，必须解决媒体和社会问题。

（5）MOA 正在努力建立一个跟踪系统，特别是那些计划出口的跟踪系统。在这方面，需要借鉴 MOA 的经验。有兴趣加入这一体系的农民必须在农业部或农业部管理的任何一个部门填写一份特别申请表。MOA 向认证机构提交申请，认证机构负责核实随申请书提交的文件，然后批准申请，否则必须解决缺陷。认证机构也有权对运营商（农民）进行检查，并验证他们是否遵守本机构体系中规定的指示。认证机构应向 MOA 提供满足条件或不满足条件的运营商的名称。认证机构授予合格运营商“说明书”，并通知 MOA。满足加入条件并承诺应用本系统说明的运营商有权在本系统采用的产品上使用约旦质量标志。2012 年，根据第 44/2002 号农业法第 3、第 4、第 8 和第 11 条，发布了与可追溯性相关的质量体系说明。该体系是为番茄、黄瓜和枣等精选产品开发的。尽管这一制度仍然不是强制性的，但它朝着控制产品质量迈出的一步，这些经验可用于不同水质水灌溉管理，包括再生水。

（6）有一项协议认为，农民协会应在实施社会保障计划方面发挥主要作用。有必要提高合作的作用，以启动良好农业耕作制度指南。这也将鼓励为农场一级的所有活动及其产出编制良好的文件。

（7）双方同意需要发展 JFDA 在测试新鲜农产品方面发挥作用的能力。此外，还需要为新鲜农产品的生产制定地方准则。

6.6 小　结

本章的事实表明，灌溉水只是影响农产品质量大矩阵中的一个元素。在约旦的情况下，其他因素可能更为严重，它们与必须加以控制的农药残留和肥料应用有关。值得注意的是，在废水灌溉农业的许多步骤中，研究仅限于农业领域。然而，最终产品到达消费者应该是主要关注的问题。运输和处理作物也可能是致病性污染的另一个来源。这将是在更广泛的背景下确定灌溉水地位的另一个方面。当研究范围扩大时，还必须从市场上采集样本。在这种情况下，当发现污染时，产品的可追溯性对于确定来源至关重要。

本章的研究还表明，灌溉水只是影响农产品质量的一个因素。虽然有机肥可能存在致病性污染的风险，但它可能是迄今尚未得到必要注意和控制的主要来源。这清楚地表明，即使将饮用水质量用于灌溉，在农场一级也不能保证生产出符合病原体公认标准的产品，尤其是非堆肥肥料造成的这种污染。

另一个重要的问题是，农业推广提高了农民对其农场投入质量的认识。灌溉水的质量以及化肥、农药的质量、数量都是影响最终产品的重要因素。农民应该意识到，过多的此类投入不仅可能对他们的产品而且可能对他们的土壤和环境产生负面影响。最终，这将影响到他们农场和产品的经济价值。最后，实施农产品可追溯性的试点农场可能是有利的，也可以作为成功利用世卫组织指南（2006）的地方和区域模式。约旦的一些农民在他们的农场应用可追溯系统，并已经为他们的产品建立了外部市场。如果与这些农民建立合作关系，为农业废水使用的质量控制提供一个范例。

风险识别表明，除了灌溉水的质量外，应主要关注的其他投入对象包括杀虫剂和肥料。当这些投入得不到控制时，产品质量会受到负面影响。一些控制措施的应用在风险管理中被证明是有效的。在病原体控制方面，必须在农场一级采取措施以确保生产符合公认的强制性标准。如前所述，此处建立的框架仅旨在为约旦的农业废水使用 SSP 提供基础。详细的 SSPs 应涵盖所有必要的要素，包括更好地描述风险（基于调查）；暴露于危害中的群体；更好地定义 MOE 的角色；详细的纠正措施；检验和校正 SSP 手册（WHO 2015B）中提出的计划，还应描述所有并行的支持活动。

参考文献

Ammary，B.(2007).Wastewater reuse in Jordan：Present status and future plans. *Desalination*，*211*，164 - 176.

APHA.(2012).*APHA*，*AWWA*，*WEF*. *Standards methods for examination of water and wastewater*，22nd ed. Washington：American Public Health Association；1360 p. ISBN 978 - 087553 - 013 - 0. http：//www. standardmethods. org/.

Arab Countries Water Utilities Association（ACWUA).(2011). Safe use of treated wastewater in agriculture：Jordan case study，Prepared by Eng. Nayef Seder（JVA）and Eng. Sameer Abdel - Jabbar（GIZ)，Amman，Jordan.

Batarseh，M.，& Tarawneh，R.(2013). Multiresidue analysis of pesticides in agriculture soil from Jordan Valley. *Jordan Journal of Chemistry*，*8*（3)，152 - 168.

Carr，G.，Potter，R.B.，& Nortcliff，S.(2011). Water reuse for irrigation in Jordan：Perceptions of water quality among farmers. *Agricultural Water Management*，*98*，847 - 854.

Davison，A.，Howard，G.，Stevens，M.，Callan，P.，Fewtrell，L.，& Deere，D.，et al.（2005). Water safety plans：Managing drinking - water quality from catchment to consumer. WHO/SDE/WSH/05.06. http：//www. who. int/water _ sanitation _ health/dwq/wsp170805. pdf. Accessed on February 4，2017.

EPA，U. S. Environmental Protection Agency.(1999). Estimating risk from contaminants contained in agricultural fertilizers. Prepared by Office of Solid Waste and Center for Environmental Analysis Research

Triangle Institute.

Feldlite, M., Juanicó, M., Karplus, I., & Milstein, A. (2008). Towards a safe standard for heavy metals in reclaimed water used for fish aquaculture. *Aquaculture*, *284*, 115 - 126.

Forget, G. (1993). Balancing the need for pesticides with the risk to human health. In G. Forget, T. Goodman, & A. de Villiers (Eds.), *Impact of pesticide use on health in developing countries* (p. 2). Ottawa: IDRC.

Hanjra, M. A., Raschid, L., Zhang, F., & Blackwell, J. (2011). Extending the framework for the economic valuation of the impacts of wastewater management in an age of climate change. *Environmental Management*, 1 - 14.

Hanjra, M., Blackwell, J., Carr, G., Zhang, F., & Jackson, T. (2012). Wastewater irrigation and environmental health: Implications for water governance and public policy. *International Journal of Hygiene and Environmental Health*, *215*, 255 - 269.

Hussain, I., Hanjra, M. A., Raschid, L., Marikar, F., & Van Der Hoek, W. (2002). *Wastewater use in agriculture: Review of impacts and methodological issues in valuing impacts with an extended list of bibliographical references*. Working Paper 37, International Water Management Institute, Colombo, Sri Lanka.

Igbedioh, S. (1991). Effects of agricultural pesticides on humans, animals and higher plants in developing countries. *Archives of Environmental Health*, *46*, 218.

Jordan Valley Authority (JVA) and Ministry of Agriculture (MoA). (2010). Annual Report, JVA and MoA, Amman, Jordan.

Kalavrouziotis, I. K., Robolas, P., Koukoulakis, P. H., & Papadopoulos, A. H. (2008). Effects of municipal reclaimed wastewater on the macro - and micro - elements status of soil and of *Brassica oleracea var*. Italica, and B. *oleracea* var. Gemmifera. *Agricultural Water Management*, *95*, 419 - 426.

Kazmia, A. A., Tyagia, K., Trivedi, R. C., & Kumar, A. (2008). Coliforms removal in full scale activated sludge plants in India. *Journal of Environmental Management*, *87*, 415 - 419.

Khan, S., & Hanjra, M. A. (2008). Sustainable land and water management policies and practices: A pathway to environmental sustainability in large irrigation systems. *Land Degradation and Development*, *19* (3), 469 - 487.

Li, P., Wang, X., Allinson, G., Li, X., & Xiong, X. (2009). Risk assessment of heavy metals in soil previously irrigated with industrial wastewater in Shenyang, China. *Journal of Hazardous Materials*, *161*, 516 - 521.

Majdalawi, M. (2003). Socio - economic and environmental impacts of the re - use of water in agriculture in Jordan. Farming systems and resources economics in the tropics No 51. Dissertation. Hohenheim University, Stuttgart, Germany.

Ministry of Environment MoE. (2016). Second environmental status report.

MWI. (2016). National Water Strategy of Jordan 2016 - 2025, Ministry of Water and Irrigation publication.

Murtaza, G., Ghafoor, A., Qadir, M., Owens, G., Aziz, M. A., Zia, M. H., et al. (2010). Disposal and use of sewage on agricultural lands in Pakistan: A review. *Pedosphere*, *20* (1), 23 - 34.

Oliveira, M., Vinas, I., Usall, J., Anguera, M., & Abadias, M. (2012). Presence and survival of *Escherichia coli* O157: H7 on lettuce leaves and in soil treated with contaminated compost and irrigation water. *International Journal of Food Microbiology*, *156* (2), 133 - 140.

Walker, C., & Lin, H. S. (2008). Soil property changes after four decades of wastewater irrigation: A landscape perspective. *Catena*, *73*, 63 - 74.

Water Authority of Jordan (WAJ). (2013). Agreements with farmers for purposes of reusing treated wastewater in irrigation. Technical report,, Water Reuse and Environment Unit, WAJ, Amman, Jordan.

WHO. (1989). Health guidelines for the use of wastewater in agriculture and aquaculture. Technical report series 778.

WHO. (2006). *Guidelines for the safe use of wastewater, excreta and grey water*. Geneva: World Health Organization.

WHO. (2015a). Stakeholder analysis and pilot study for safe use of treated wastewater in agriculture. Final report: Framework for sanitation safety plan: Reclaimed water use in agriculture. Report under contract number EM - CEHA - 2014 - APW - 016.

WHO. (2015b). Sanitation safety planning. Manual for safe use and disposal of wastewater, greywater and excreta.

第 7 章

公众对于农业再生水的接受程度：突尼斯经验

Olfa Mahjoub，Amel Jemai，Najet Ghorbi，Awater Messai Arbi 和 Souad Dekhil

许多淡水资源短缺已经迫在眉睫的国家，在农业中利用再生水已经司空见惯。公众对此的接受程度在此类项目中起着至关重要的作用。在项目实施的前期、中期、后期都给予其足够的重视。本章主要内容包括：①对突尼斯现行的农业中再生水使用情况以及此类项目进展的主要障碍做一个概述；②乌尔达宁地区是最成功的灌溉地区之一，确定其成功的原因，同时着重社会层面和最终用户的看法。认真处理与教育、知识、风险识别、文化、监管和沟通有关的问题，以便更切实有效地利用再生水。乌尔达宁的再生水利用十分发达，甚至可以说非常出色，本书确定了该灌区成功的驱动因素：将经济利益排在第一位，而将淡水资源的短缺排在第二位，环保意识以及该区域不使用再生水的影响也是重要因素。虽然农民的接受程度较高，但消费者的不认可仍然阻碍着废水灌溉的推广；建议对此类环境效益较好的措施给予更为宽松的监管，促进其推广应用。

关键词： 公众的接受程度，农业，意识，乌尔达宁灌区，废水灌溉，水质，经济可行性

7.1 引　　言

废水处理技术的发展提高了其作为非传统水源的潜力，可以平衡世界范围内的水资源短缺问题和供应限制。社会和文化的接受程度是能否成功地将再生水应用于农业的关键因素。一些再生水利用计划甚至由于缺乏公众的认可而被叫停。如突尼斯的 Cebala（Borj Touil 市）地区，公众的接受程度低以及一些其他原因导致该地区的再生水灌溉面积从 3200hm^2 减少到 190hm^2。公众对再生水利用的不支持一直是主要的阻碍因素，特别是在农业方面。有些人认为公众对再生水利用的接受程度本身并不是一个障碍，消极的认知才是最大的阻碍（Baumann，1983）。

那些接受再生水利用的情况基本可分为两类：第一类是那些利用再生水并且了解其潜在风险的情况；第二类是对风险认知较低，导致普遍使用未处理或者仅仅简单处理或稀释的废水，此类情况可能会威胁公众的健康。这两种情况都需要获得公众信任（Drechsel et al.，2015）。基于 20 世纪 60 年代和 70 年代进行的研究，接受度会根据潜在

的使用情况而变化，并嵌入到认知因素中。我们认为公众对供水、处理、废水分配和收入的认识会影响其对再利用的看法。年龄、政治倾向和对地方政府的态度被认为是外在因素，价格和心理因素对接受程度影响不大（Baumann，1983）。废水处理的成本以及由此产生的再利用成本确实引起了极大的关注（Buyukkamacia et al.，2013）。严格的规章制度可能会损害废水利用计划在已实行地区的经济可行性（Grundman et al.，2017）。公众可能不会接受那些健康风险，如与废水有直接身体接触的（Buyukkamacia et al.，2013）。

在世界范围内，再生水在农业应用方面的成功案例层出不穷。然而，发展中国家废水重复使用的案例看起来却不尽相同。事实上，废水的处理只有二次处理，再生水的质量可能低于所需水平。此外，政府很少制定并执行相关的法律法规。本章通过一个来自突尼斯乌尔达宁地区的有趣案例，描述了公众如何接受农业再生水利用。其中很大一部分是基于对该地区农民进行采访时收集到的信息，这些采访有的是有组织的调查，有的是自由和公开的讨论。环境和可持续发展部进行的一项研究，该研究为了制定一项国家战略，以提升目前和未来潜在的再生水使用者对农业安全使用再生水的敏感度。

本章旨在对突尼斯农业处理后的废水使用现状进行批判性的审查，并分析其公众接受程度。更具体地说，本章通过在乌尔达宁灌溉区普查的主要结果，强调社会和文化认同背后的因素，以进一步发展扩大该地区的再生水灌溉。

7.2 突尼斯再生水利用情况

由于废水数量的不断增加及其全年的可供水性被全世界公认为一种可靠的水资源。在突尼斯，废水总量自 1975 年以来增加很多。目前，突尼斯有 113 个污水处理厂（waste water treatment plant，WWTP）对废水进行二次处理。2.43 亿 m^3（ONAS 2015）的产量约占全国可用水资源总量的 5%（图 7.1），并且由于人口增长和经济活动的发展，预计到 2020 年其总量将再翻一番（DGGREE，2016）。

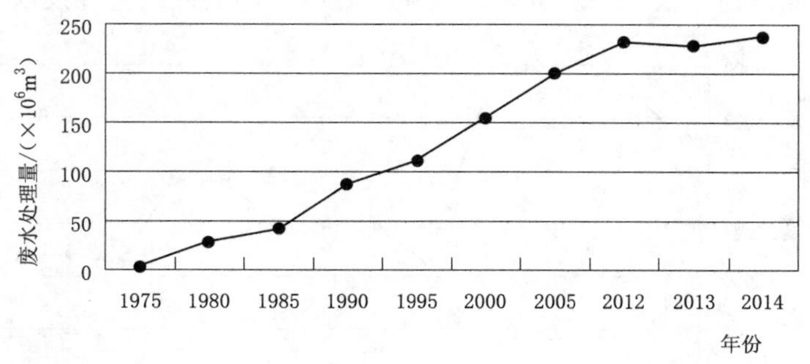

图 7.1 1975—2014 年废水处理量变化情况

7.2.1 废水灌溉

和许多其他国家一样，突尼斯淡水的最大用户是农业部门。为了给 1100 多万人提供粮食保证，农业部门大约消耗 80%的可用淡水资源（ITES，2014）。据预测，到 2030 年，农业部门将要再养活200多万人，导致农业水资源的需求增加近2.76亿m^3/年。到那时，突尼斯将面临严重的水资源短缺，年人均用水量将达到370m^3（ITES，2014）。这将推动农业部门对其他水源（非传统水源）的依赖。

再生水（treated waste water，TWW）是一种可以替代传统水源并且颇具吸引力的水源，特别是在农业部门，因为它可以提高作物产量，从而有助于提升城市和农村地区的经济效益。然而，只有20%～45%的TWW用于农业灌溉。农业灌溉所用废水的量约占总量的60%，并由23%的污水处理厂提供（DGGREE，2016）。现有的污水处理厂大多都是旧的，并且有部分处理厂非法排放工业废水。这些污水的数量超过其处理能力的150%，这导致用于灌溉或排放在环境中的污水的质量下降。2011—2012年，灌溉用水中再生水的使用量约为0.17亿m^3，占再生水总量的7%，仅占灌溉用水中废水可利用量的42%。文献中所报道的TWW的再利用量很可能是有偏差和高估的，因为可能存在泄漏并且没有考虑到非法再利用的实例。

按灌溉面积计算，1965年，以突尼斯北部含水层的耗竭为代价灌溉了1200hm^2果园。然而不断扩大的城市化和郊区使该地区缩小到400hm^2。在1965—1989年期间，由于建立了一系列政治、管理和体制框架，农业废水再利用的发展得到了促进。此外，随着这个问题的科学研究蓬勃发展，使该地区灌溉面积迅速扩大到6500hm^2。这一期间出现一些密集的科学研究活动产生许多成果，主要研究废水在农业部门潜在的利益以及对环境的影响（Bahri，1998；Rejeb，1990；Trad - Rais，1988）。1989年，在已知的成功实践中，与农业重复利用有关的国家标准和立法框架的建立，作用显著，并大大促进了农业安全重复利用（1989年农业和农村方案协调会）。这一进展显然与世界范围内重复利用的全球趋势以及导则的制定（世卫组织，1989）相关。

在接下来的25年里，TWW的利用呈现出显著的减缓趋势，灌溉面积甚至出现了下降（图7.2）。如今，农业灌溉使用TWW的土地面积约为8150hm^2，仅占突尼斯灌溉总面积的2%。然而，这些数字随时间和来源而异。由于“有效灌区”和“实际灌区”之间的差异，灌区的规模较低，这可能会造成一些混淆，导致高估。2012年，有效灌区约8036hm^2，实际灌溉面积仅为2215hm^2。这两个数字之间的巨大差异反映了被开发和被灌

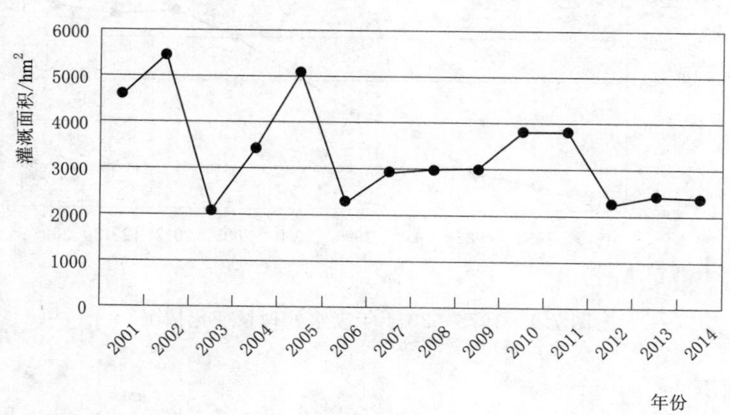

图7.2　突尼斯2001—2014年实际总灌区演变

溉地区的巨大差异。事实上，20%安装了阀门的土地被弃用（图 7.3）。原因有很多，例如即将开展的建筑用地的重建、扩建，农民彻底拒绝使用废水等（DGGREE，2016）。

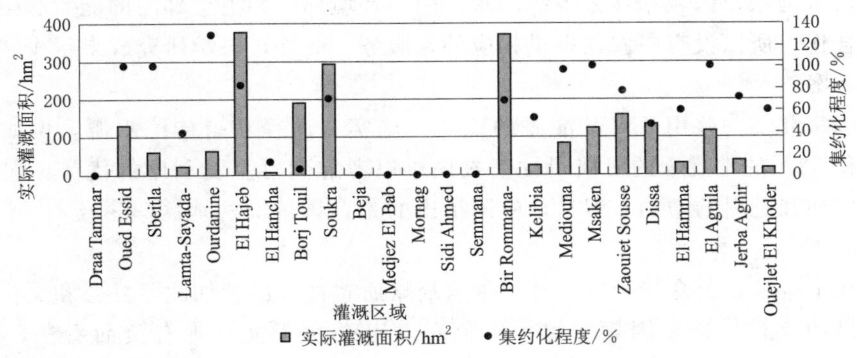

图 7.3 灌区实际 TWW 和集约化程度

2016 年，全国 15 个省（市）共向 28 个地区配置了阀门，准备进行种植。其中最大的博吉国伊尔地区就从 1200hm² 下降到 190hm²，主要是由于农民的不情愿。加上莫尔纳格面积（1087hm²），占总面积的 53%，均位于全国淡水资源丰富的北部地区（DGGREE，2016）。在灌区中，集约化程度变化很大。在乌尔达宁等最成功的地区，这一比例可能高达 140%。平均来看，该值在全国范围内约为 30%（图 7.3）（DGGREE，2016）。这也反映出，在全国面临严重缺水的情况下，公众对废水回用的接受程度较低，这是废水回用行业蓬勃发展面临的障碍。

7.2.2 规管及制度问题

50 多年前，在突尼斯北部的 Soukra 地区，为了保护柑橘园，TWW 在农业方面开始投入使用。然而，在 20 世纪 80 年代末，并没有制定农业使用 TWW 的法规和国家标准。这些规定可以帮助政府认识到废水回用是缩小灌溉用水供给需求差距的一项重要措施。为 2003—2007 年第十个国家发展计划的目标是包括所有用途（蓄水层补给、农业灌溉、景观和海湾地区的灌溉）使用 TWW 总量的 60%废水，以及灌溉面积扩大到 2.2 万 hm²（Neubert et al.，2003）。这些目标过于乐观，从来没有实现过。《2016—2020 年国家战略规划》《2016 年国家发展规划》的目标是将 TWW 的 50%应用于各种目的，更为宽松的新法律和监管框架有望加强这一做法。

水部门的利益相关方，如卫生和环境部门，已经明确指出了各种可能的阻碍。考虑到过渡时期的政治形势，将这些阻碍转化为机遇是非常具有挑战性的。最关键的问题总结如下：

（1）一些老旧的污水处理厂正在生产低质量的 TWW。事实上，提供给 10 个灌区的 TWW 不符合国家重复利用质量标准。2009—2012 年期间，17 个 WWTPs 监测参数的 50%未达到重复利用标准，其中 10 个 WWTPs 所有测量参数均超出回用标准（DGGREE，2016）。由于污水管网和水体排放规定执行不力，工业废水在污水管网中非法排放或未经初步处理，也影响了 TWW 的质量。

（2）政府未能制定一个有吸引力的定价策略。为促进农业再生水回用而采用的定价方法并不先进。目前，TWW的定价并不具有吸引力，无法收回维护和更新灌溉网络的成本。终端用户常常把低价格与低质量联系在一起。

(3) 负责国家、区域和地方各级的水部门、环境部门和卫生部门的能力有限并且互相之间缺乏合作，所以没有向农民提供相应外延服务。此外，科学研究成果很少转化为可应用的解决方案。

(4) 国家北部一些用TWW灌溉的地区，确实有途径获得传统水源，例如雨水。占灌溉总面积53%的常规水的可获得性使农民难以考虑到可重复利用的优势，包括可利用水资源的增加和肥料的增加。但是，应该指出的是，该情况的地区只占现有28个灌区中的2个灌区。

(5) 几十年来，公众接受度一直被国家战略所忽视。尽管如此，社会和文化信仰是重复利用项目的支柱。许多因素导致了人们对TWW用于灌溉抱有负面看法，这是一个阻碍。

这些因素将在下一节中详细描述。

7.3 突尼斯社会对废水使用的接受程度

公众的接受是任何农业废水利用项目的基石，无论是使用未处理的废水还是TWW。世界范围的研究表明在促进除农业灌溉之外其他不同类型的利用方面存在着差距。2011—2013年间，突尼斯首次开展了一项针对这一主题的特别研究，旨在国家层面解决这一问题。在过去，作为可行性研究的一部分，在创造一个新的灌溉方案时，需要更多地涉及社会方面的问题。

当一个项目在没有战略性地处理社会和文化方面的情况下就已经被引入时，有许多决定社会接受程度的因素会对项目的成功形成挑战。在美国，美国环境保护署资助了一项跨学科和综合性的社会科学研究，研究公众对水资源再利用的看法和参与情况（Hartley，2006）。在突尼斯，社会科学家从未将这些社会方面作为一个独立的主题进行研究，而社会对水再利用的接受程度一直与经济学联系在一起（Ozerol et al.，2005；Selmi et al.，2007；Zekri et al.，1997）。认为调查最终用户即农民所感受到的经济利益可以更全面是一种错误的想法。在这样做时，有几个方面的因素会被忽视。此外，消费者对废水灌溉产品的认知往往被忽视。最好的方法是通过农民在寻找产品销售渠道时遇到的困难来间接评估的。一项调查显示，由于公众的负面看法，约39%的农民无法在当地市场销售他们的水果（DGEQV，2013）。在缺乏战略研究的情况下，询问消费者并收集他们对这个话题的看法可能会非常敏感，以至于人们担心进行调查会引发负面反应并产生一些不情愿的情况（DGEQV，2013）。此外，农民一直被认为是TWW的使用者，但从来没有考虑他们作为自己产品消费者的态度。

7.3.1 知识和教育

突尼斯从事污水灌溉的农民估计有2350人，其中大多数教育背景较差：18%的人是文盲，47%的人只上过小学，只有少数人接受了大学教育。这种情况在该国北部占主导地位（DGEQV，2013）。这些数据可能不支持TWW的重复利用，因为人们的态度和他们的正规教育之间存在着显而易见的关系（Baumann，1983）。

农业发展组织（GDA）是一个由农民代表组成的非政府组织，类似于非政府组织。在推广和采用良好的污水处理方法方面，GDA做出了很大的贡献。它还促进了灌溉作物法规的推广。但是只有50%多的农民是GDA的支持者，这在一定程度上解释了缺乏农业TWW利用知识的原因。事实上，在突尼斯北部和中部地区，70%～80%的农民声称在实施再利用项目之前没有收到任何信息。令人惊讶的是，80%的人似乎认为废水的再利用没有任何好处，尤其是作为营养物的来源。75%左右的农民将会在废水中添加肥料（DGEQV，2013）。

7.3.2 风险感知

20世纪80年代初，有报道称，在Soukra的城郊地区，83%的农民在灌溉时直接接触到废水。然而，只有62%的农民在灌溉完农田后会洗澡，只有54%的人穿靴子，7%的人戴手套，只有6%的农民接种了部分疫苗（Zekri et al.，1997年）。最近的一项综合研究显示，40%～50%的农民认为健康风险是废水使用的主要风险。然而，70%的人仍然不接种疫苗，不穿防护衣，灌溉后也不洗澡。此外，100%的人没有接受过任何医学检查。上述研究的例子并不独特；事实上，全国各地的人都清楚地看到，认识与具体做法没有联系。因此，到目前为止，还没有关于灌溉废水使用者、农民或在田间工作的劳动者的风险感知的科学研究成果发表。

7.3.3 文化及宗教信仰

世界卫生组织（世卫组织）的指南指出需要考虑文化和宗教因素，使废水灌溉实践取得成功（WHO，2009年）。虽然与废水使用有关的文化和宗教方面可以单独处理，但有一个明显的趋势是将它们结合起来，因为宗教信仰已嵌入文化之中。

在突尼斯，从未正式报道过基于文化和宗教信仰而拒绝使用TWW。这可能是由于这个题目较为敏感，并且缺乏在不引起消极反应的情况下接触群众的技巧和方法。关于这一主题的第一份出版物是约旦和突尼斯之间的一项比较研究，其中约20%的调查对象报告说，由于宗教禁令，他们反对TWW的使用，无论是否受到限制（Abu Madi et al.，2003）。最近，研究发现，全球约有33%的人会由于文化和宗教信仰介意使用TWW。从区域分布来看，拒绝的情况在突尼斯北部更为明显，那里43%的农民反对这种做法。有趣的是TWW被世界法特瓦管理研究院认为是一种重要并受人尊重的物体，他们认为，“如果水处理恢复的味道、颜色和气味不洁净的水到原来的状态，然后变得纯粹，因此用它来灌溉以及其他方面的应用没什么不对”（INFAD，2012）。

7.3.4 监管框架

绝大多数现行条例是受到1989年世卫组织指南的启发，该指南是非常严格的。这些规定阻碍了发展中国家对TWW利用的发展，特别是那些生吃农作物的国家。2006年发布的世卫组织新指南以其更为宽松而闻名，它采用以卫生为基础的目标以及绩效目标的概念。突尼斯的TWW利用并没有从这种宽松中受益。实际上，它的应用对政策制定者和实践者都是一个挑战。

修订国家法规是费时的，一方面，因为众多机构之间的讨论应达成共识，另一方面，需要基础数据和研究成果来修正实际浓度阈值。在突尼斯，国家规章被认为是支持保护健康和环境，但同时也限制 TWW 利用这种做法。考虑到目前的环境和全球变化，调整规章和立法框架的进程是后来开始的。

7.3.5 沟通

知识的分享和沟通是在农业 TWW 的安全利用的过程中提高接受度的关键因素（Drechsel et al.，2015）。突尼斯在这方面面临若干阻碍，其严重程度取决于地理位置和社区的知识水平（DGEQV，2013）。农业推广和培训机构（法语缩写为 AVFA）负责监督由区域农业发展部（法语缩写为 CRDA）、沥青技术人员和农民制定的培训计划的实施。它还负责编写教育材料（AVFA，2008）。在过去，AVFA 专门制作了一些小册子，介绍 TWW 灌溉中不允许的作物种植方法。无论是局域网的规模还是设计，终端用户对这些小册子毫无兴趣。

AVFA 开展了一个关于沟通策略对 TWW 利用推广的重要研究，研究成果揭露了在 TWW 利用推广的沟通策略方面存在的一些薄弱环节，包括 TWW 利用中涉及机构并不可靠的合作以及缺少对原材料概念的专业性解释。用来给农民宣传的一些言语中包含了很难理解的复杂的技术术语。在设计和构思上，现有的材料体现出缺乏创意和审美。用于宣传活动和推广的材料的内容不包括最新的科学发现，并且包含的信息不容易理解（DGEQV，2013）。

还注意到缺乏监督跟进和评估，这是因为有 13.4%的农民可以在手册中识别 AVFA 的徽标。在突尼斯北部，83%的农民从未接受过 AVFA/CRDA 技术人员的任何访问。这部分解释了该地区土地所有者不愿使用废水的原因。在农村地区，GDAs 负责监督地方一级的废水管理和灌溉网络的维护。GDAs 在促进有效活动的实施方面发挥着重要作用。他们可以帮助给农民传播成功案例和良好做法，以便在提高认识的同时增加知识。然而，GDAs 面临的财务问题已经威胁到它们所能发挥的这些积极作用。

为了解决这些障碍，2013 年在突尼斯北部、中部和南部的三个试点地区组织了关于农业废水安全再利用的宣传活动。结果喜忧参半，与其说是事实，不如说是全球趋势。事实上，只有 43%的目标个体参与，20%的人不满意。最成功的话题与卫生、防护工具和监管有关。考虑在 2015—2019 年期间实施基于计划行为理论的沟通策略。该策略的目标是根据区域和地方的特点进行修订、更新和调整。它包括以下各部分：①改善通信/资讯系统；②推广回用的良好做法及好处；③通信促进网络的发展和动员伙伴关系。④可持续水资源管理、尊重与重用有关的规例、与废物再利用有关的健康及卫生事宜、与废水管理有关的技术问题被确定为优先事项（DGEQV，2013）。

7.4 突尼斯乌尔达宁的废水灌溉

在突尼斯，受到广泛关注的成功案例非常罕见。乌尔达宁地区就是这样一个罕见的例子。乌尔达宁的 TWW 灌溉可以追溯到 20 世纪 90 年代。从那时起通过逐步采用良好的做法，实现了可持续农业发展（Mahjoub et al.，2016）。

乌尔达宁位于突尼斯中部、东部，距离突尼斯首都 130km。它属于蒙纳斯蒂尔省

(图 7.4)，气候类型属于半干旱气候。该地区一直处于缺水状态，年缺水量约 1000mm (Mahjoub et al.，2016)。乌尔达宁现有的 TWW 灌区曾是一个以橄榄树为主的大型果园。该地区以雨水灌溉为主，其中树木由一个名为 Meskat 的传统雨水收集系统灌溉(Mahjoub et al.，2016)。

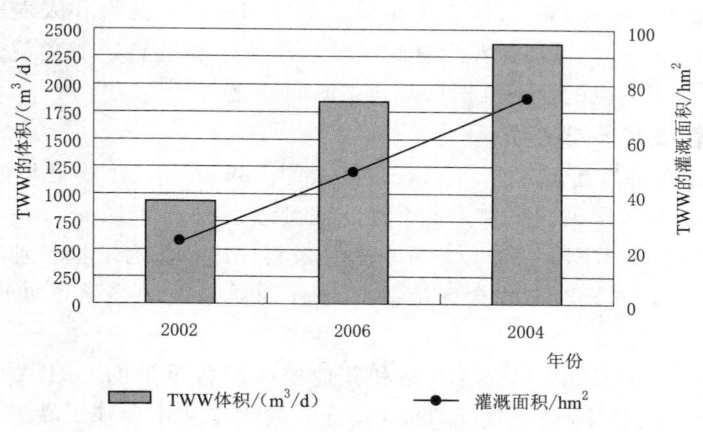

图 7.4　2002—2014 年乌尔达宁地区 TWW 和污水灌溉面积的演变

20 世纪 90 年代初，乌尔达宁市污水管网的污水没有得到妥善处理，而是直接排放到一条横穿农业区域的河流中，这条河流被称为 Oued El Guelta，最终成为一条污水河流。河流中液体和固体废物的排放给居民带来影响，并造成环境退化 (Hydro - plante，2002)，同时也导致了咸水地下水位大幅度上升，从而破坏了果园。农民们开始使用运河里的水来灌溉他们的农田，并通过将废水从河里分流到他们的土地上进行再利用。为此，许多农民安装了蓄水池和水泵。他们只认为废水是一种水源，并没有认识到施肥的价值。

桃树的 TWW 灌溉项目始于 1995 年，比乌尔达宁 TWW 灌区的建立大约早了两年。这一项目是该地区一位农民倡议的。在 $2hm^2$ 以上的农业用地上，开始培育高产、集约栽培的桃树新品种。这片农田的灌溉用水来自塔尔塔广场河，它是废水和小溪水的混合体。据农民回忆，不到两年的时间，该项目就获得了 16～18kg/棵的产量。这些水果质量非常好，在当地市场以 2～3.5 突尼斯元/kg (1.5 美元/kg) 的高价出售。

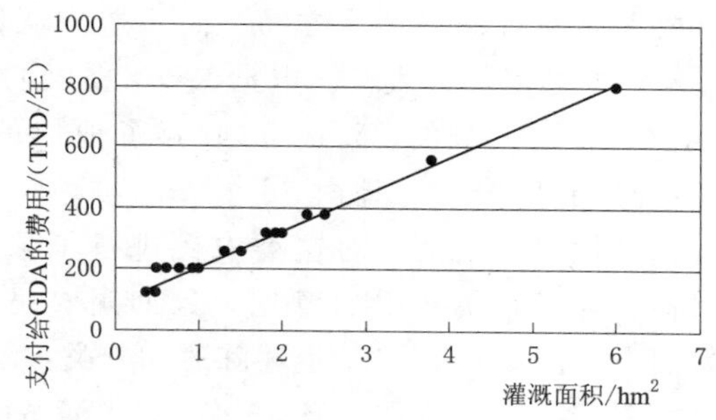

图 7.5　支付给 GDA 的费用与灌溉面积的关系

7.4.1　当前的状态

对污染不堪重负的农民尝试使用废水灌溉，取得了积极的经济成果，为正式建立乌尔达宁废水灌溉区铺平了道路。图 7.4显示了 2002—2014 年乌尔达宁地区 TWW 和污水灌溉面积的演变。废水灌溉开始五年后，随着废水使用量的增加，灌溉面积几乎翻了一番。

根据 20 世纪 90 年代初乌尔达宁的普遍情况，农业和水资源部委托进行了一项研究。这项研究为 36 名农民规划 $50hm^2$ 农田的灌溉（CRDA，2015），并于 1997 年开始有效灌溉。目前，该地区约有 51 名农民，灌溉面积超过 $62hm^2$。用 TWW 灌溉的作物主要是果树，包括大约 $34hm^2$ 的桃子、石榴、无花果、苹果和枸杞。苜蓿和大麦等饲料作物的种植面积较小（CRDA，2015）。有人注意到，虽然缺乏最新资料，但受益人的数目和实际灌溉面积的大小是相适应的，并且根据资料来源而变化。

7.4.2 废水的管理和质量方面

乌尔达宁污水处理厂建于 1993 年，处理能力为 $1500m^3/d$，生物处理能力为 600kg/d。该厂负责处理 17000 名居民的废水。冬季日处理量最高可达 $1010m^3$。污水通过氧化沟工艺进行二次处理（DGGREE，2015）。废水主要来自国内，但有一些行业（屠宰场、香水行业、橄榄厂、洗车站等）可能会影响处理过程的质量，最终导致处理过程出现故障（DGGREE，2015）。

灌区由乌尔达宁的 GDA 和负责泵站和其他安装设备维护的 CRDA 共同管理。遵守 GDA 的农民每年要支付 15 突尼斯元（6.5 美元）的固定费用和基于灌溉面积的统一污水供应费（CRDA，2015）。废水是全年可用的，没有功能表来计算准确的消耗。水的分配是根据灌溉的小时数和面积大小来计算的。图 7.5 显示了支付给 GDA 的费用与灌溉面积的关系。由于土地面积小，再加上 TWW 的水费较低，他们中的大多数人每年支付的水费不足 400 突尼斯元。

7.5 乌尔达宁废水使用接受程度：数据收集

从技术和管理的角度来看，自从乌尔达宁灌区创立以来，它一直被认为是突尼斯有史以来最好的污水灌溉案例研究。每年大约有 1000 人参观该地区，观察这一过程，并了解成功背后的关键原因。然而，还没有关于社会接受度与使这一领域闻名于世的内在驱动因素的研究。

作为最新的研究，本书作者在 2016 年对这一主题进行了调查。调查包括一份问卷，这份问卷由 20 个以半结构化方式组织开放式和封闭式的问题组成。这些问题简明扼要，重点放在事先确定的具体方面，而不造成认知超载。调查采用面对面访谈的方式进行，农民不需要填写任何表格。根据 GDA 提供的乌尔达宁的农民名单，在 51 名农民中，有 13 名（占社区人口的 25.4%）放弃了他们的土地，土地面积约为 $9hm^2$（占总面积的 15%）。其余 $53hm^2$ 土地由 38 名农民耕种，其中 13 名农民除了经营自己的农场外，还经营着其他灌溉土地。对这类农民进行了采访，调查中只包括与他们自己的土地有关的回答。为了收集客观的意见，只询问农民自己的开发情况。根据面积大小将灌区划分为四类（图 7.6）。基于上述陈述和分类，本次调查覆盖了 18 名农民，占灌区活跃农业社区的 72%。他们正在灌溉 32%的废水灌溉面积。对于几个不在现场居住的受益人来说，农业只是一项兼职活动，因此他们无法接受采访。这种远程管理土地的方式对于废水的暴露程度以及对健康和环境风险的感知非常重要。

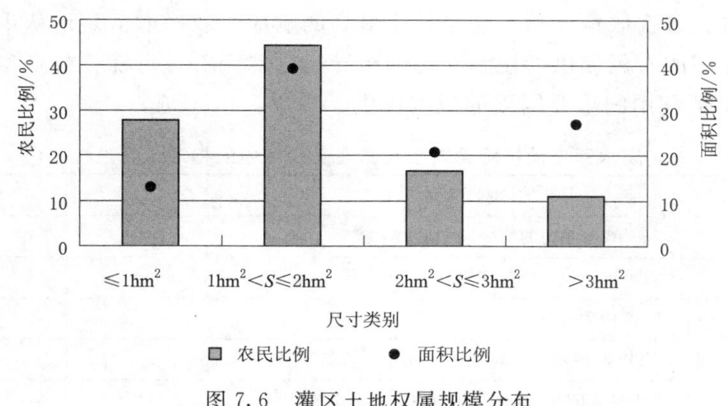

图 7.6　灌区土地权属规模分布

我们就可能对农民在灌溉中使用 TWW 产生促进或阻碍的因素对他们进行了采访。间接地说，在对 TWW 利用的接受程度背后，农民考虑了各种理由的优先程度。收集的资料分为四类：①TWW 的质量；②农产品商品化；③可用的废物量；④规章制度。

约 60%的受访者认为 TWW 的质量是影响人们接受使用和追求灌溉活动的首要因素。农民对越来越差的工业废水排水系统表示担心，他们认为这将影响灌溉系统（例如可能堵塞)、人类健康（微生物污染）和作物的质量（污染的水果)。TWW 的使用者认为乌尔达宁地区的消费者对 TWW 灌溉的农产品的消费不够敏感。但产品的潜在消费者对废水重复利用生产的农产品接受程度很低。

另一个因素是用于灌溉的水量。如果供水不正常或水量减少到不能满足需求的程度，农民可能随时放弃采用 TWW 灌溉。他们认为规章制度对接受造成障碍，更宽松的监管框架可能会鼓励农民在农业中使用 TWW，并从事更有利可图的活动。总的来说，很少有农民持不同意见。这些问题与使用 TWW 的好处相交叉，这些问题表明 67%的人认为 TWW 是水和肥料的来源。产量高、品质好，是第二大因素。TWW 在供给量和供给期上的可用性被认为是其特点之一。

7.6　乌尔达宁废水处理接受程度：结果与分析

根据调查所得的数据，对影响乌尔达宁地区 TWW 利用接受程度的主要因素进行了详细讨论。

7.6.1　财务可行性和公众参与

约 56%的受访者在观察了第一个试点项目的结果后，开始在灌区建设过程中对废水进行再利用（图 7.7)。约 40%的受访者随后加入，他们还从别人那里租来新的农田。

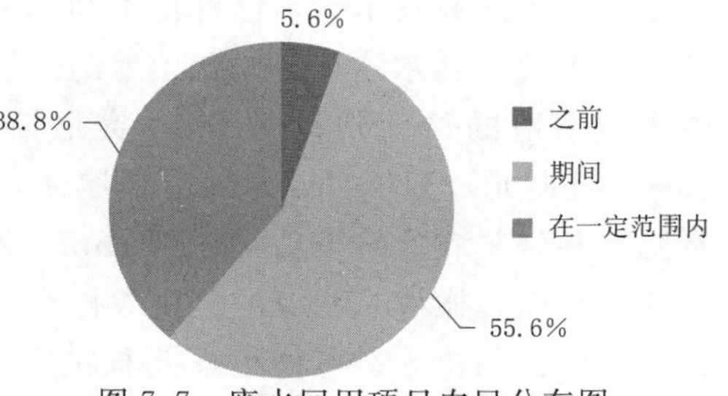

图 7.7　废水回用项目农民分布图

基于现阶段的研究，农户的再利用动机是由农户自己在调查中发现的 7 个因素组合而成的（表 7.1）。约 44%的受访者认为，他们进行废水再利用的主要动机，是由于该地区在经济效益方面首次取得成功，这是频率最高的响应。农民们清楚地认识到，后开展的农民会得到先开展的农民提供的技术支持和指导。这对经济可行性、公众参与和强有力的领导是影响 TWW 利用的重要因素的说法提供了论据。

表 7.1　废水回用动机驱动因素及其在受访者中的相对重要性

确定的因素	农户频度/%
1. 财务成功的第一经验和技术支持	44
2. 缺乏淡水资源	33
3. 区内农业活动（遗产、互助、产量）	33
4. TWW 的特点（可用性、质量、价格）	17
5. 支持 CRDA 和与项目相关的奖励措施	11
6. 参考成功的案例研究	6
7. 农业和经济领域 TWW 再利用培训	6

在 TWW 灌溉区建立之前的数年，乌尔达宁的农民过去常常在 Oued El Guelta 的河床上种植花园作物。由于有机物的沉积，那里的土壤质量被认为是该地区最好的之一。事实上，向河流中排放废水是种植花园作物的一个阻碍，而这导致了全体农民放弃了这一作物。虽然农业不是大多数农民的主要活动，但停止这种活动所造成的经济损失必须补偿。约 80%的人过去依靠其他经济活动，主要包括出租农田（60%）或在外地打工。事实上，几乎所有的农民过去都住在离该地区约 $4km^2$ 的城市（CNEA，2007）。

如上所述，在乌尔达宁，废水重复利用的倡议改变了当地农民的生活。经济效益是接受 TWW 这种新水资源的主要动力。为了复制经验并传播成功，支持该项目的农民创建了一个苗圃，种植植物并在周边地区销售。该农民表示，废水的使用使他的生活从一个小农民完全转变为一个大农场主，使他有经济能力投资于农业和其他产业。废水灌溉需要一系列的管理能力。考虑到第一次试验的结果，意想不到的高产量和高品质的水果足以激励邻里，并提高使用废水种植农作物的意愿。

乌尔达宁废水灌区的正式创建后来得到了扩展。这项于 1997 年委托进行的研究，只计划进行一项涵盖 $16hm^2$ 土地的再用工程。自愿参加该项目的农民将他们的农田设在处理厂附近。栽培的树木有桃子、杏仁、橄榄和无花果。饲料作物也被用来饲养牲畜。3 年后，耕地面积迅速扩大到 $30hm^2$。又过了 3 年，灌溉面积达到 $50hm^2$。在安装了过滤装置和采用节水灌溉技术后，已种植了约 $25hm^2$ 的橄榄树作为该项目的延伸。

据农民说，乌尔达宁的农业土地的经济价值已经大幅度增加。20 世纪 90 年代初，一公顷农业用地的价值估计为 5000 突尼斯元。在项目筹备期间，土地的价值已增加到 20000 突尼斯元，到项目开始时已增加到大约 35000 突尼斯元。目前，在为该地区提供饮用水网络和修复农业轨道后，估计 $1hm^2$ 耕地的价值为 10 万突尼斯元。

在突尼斯，橄榄是国家的传统农作物，特别是在萨赫勒中部地区，那里的农民一般倾向于保护他们的树木，可能很难批准砍伐他们的树木。然而，由于经济效益的原因，瓦尔达宁的农村社区取代了橄榄树和桃树。很明显，废水再利用的好处是很有说服力的，而且是行为改变的驱动力。经济可行性已经确定，并已证明，因此，展开可行性研究被认为是支持项目执行的一种正式方式。

在调查中，农民们被问及，如果水资源可用，他们是否愿意回归传统水资源，而不是TWW。绝大多数（78%）倾向于坚持TWW（图7.8），其主要原因是：①全年TWW的利用率；②营养负荷方面的质量；③价格低廉。农民认为依靠传统水资源是有风险的，因为它们在数量和供应频率方面的可用性可能很低。他们还承认对该地区农业发展的全面多样化感到满意。相比之下，支持使用淡水的农民主要担心废水灌溉可能带来健康问题。

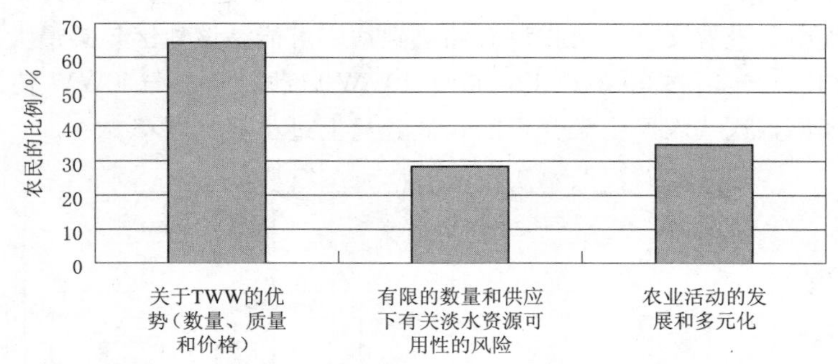

图7.8　即使在淡水资源可用的情况下，保持再生水利用活动的原因

7.6.2　对水资源短缺的认识

在突尼斯，TWW的使用取决于灌区的区域和位置，通常与淡水的供应有关；包括地表和地下水。决定性因素是水的可用性，而不是水质。例如，为了拯救Oued Souhil地区的果园，农民们别无选择，只能依靠TWW和地下水，两者都被发现是低质量的（El Amami et al.，2016）。自然地，有淡水供应和获得淡水的地区不愿意采用TWW灌溉（Abu Madi et al.，2003）。

向乌尔达宁供水的萨赫林-乌尔达定含水层含盐量高（4.3g/L），且超采严重（110%）（CNEA，2008）。2003年，在3口露天井监测的地下水水质中，旱季盐度为1.85～4.38g/L，硝酸盐浓度为8.70～58.9mg/L（BIRH－DGRE，2003）。此外，内布哈纳大坝的水只用于突尼斯中部地区的灌溉，而乌尔达宁地区则没有水。因此，废水被认为是该地区支持农业的唯一选择（Vally Puddu，2003）。

研究结果与农民的观察结果一致。事实上，33%的受访农民承认，由于缺乏可替代的水资源，才决定将TWW用于灌溉（表7.1）。这一因素排在第二位。农民们完全了解水资源短缺和全球气候变化的现象，以及可能对农业活动产生不利影响的干旱期日益增加的趋势。

7.6.3　农民的承诺和利益相关者的参与

在设计回用项目及其实现之前和期间让农民参与进来是成功的先决条件。在乌尔达宁，几个农民在目睹了第一次试验的成功后自愿加入了这个项目。

调查显示，参与该项目的农民略少于50%；他们从项目一开始就对项目做出了贡献。

其余的，后来在扩大灌区的项目中加入。这些农民很可能是受到同伴成功的激励，他们只需要模仿邻居的进步。到目前为止，89%的受访者表示对 TWW 的使用感到满意。然而，如果可行，78%的人愿意转向传统供水。

7.6.4 知识和教育

世界范围内进行的许多研究都强调了教育在提高农业废水接受度方面的重要性（Dolnicar et al.，2011；Hurlimann et al.，2008）。接受基础知识、创新、科学成果和新概念的有效性取决于受众的教育水平。

根据 2003 年的记录，40～50 岁的农民中有 30%以上是文盲（Vally Puddu，2003）。但在目前的调查中，没有文盲；调查没有涵盖到这一可能是该地区年龄最大的一类人。大部分受访者（33%）年龄在 50 岁以上，是自 TWW 启动以来参与 TWW 使用项目的第一代农民。一般来说，这些农民受教育程度较低，只上过小学（图 7.9）。

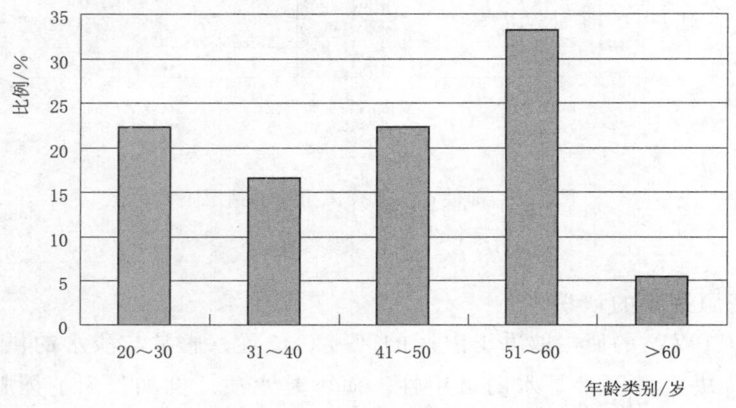

图 7.9 受访者按年龄类别的分布情况

受访者中，20～40 岁的农民占 39%（图 7.10）。这一类别还包括大学毕业生（包括工程师），他们继承了农田，并决定在自己的土地上维持农业活动。这类人是少数受过高等教育的受益者。连续的继承和分散的土地所有权被认为是小块农业活动的障碍，通常低于 0.5hm^2。这导致土地被遗弃。

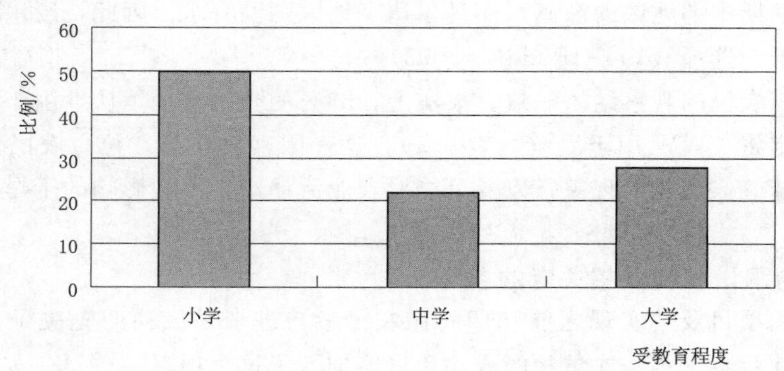

图 7.10 受访者受教育程度分布情况

年龄和教育水平影响农业种植制度的选择，例如在考虑灌溉过程中废水带来了营养，需要估计需水量和肥料的添加量。

在2003年进行的一项研究中，农民们承认增加额外的肥料是因为他们几乎无法估计他们的树木所需肥料的数量，或者是因为他们没有考虑到废水是营养物质的一个重要来源（Vally Puddu，2003）。这种做法对土壤质量和农业系统可持续性的影响尚未得到评价；因此，它们值得深入研究。

7.6.5 土地再利用和水质

为了提高废水的可接受性，建议根据预期用途评估污水处理厂的水质。这样做可以更有效地减轻健康和环境方面的风险。尽管如此，如果农民认为后果得到控制，他们可能会接受较低的水质（Drechsel et al.，2015）。

瓦尔达宁农民经常抱怨被报告，这被认为是在项目早期阶段废水回用的一个障碍。作者没有发现以往任何关于农民使用TWW种植的法规和灌溉作物的规定。温室养花废水的使用表明农民对作物的选择还是有一定的了解。

乌尔达宁的农民意识到废水的质量千变万化。但是，他们没有监测水质参数的仪器来进行评判，判断这些参数是否符合标准。如果生产商没有事先确定废水的水质，以确定废水是否适合再用，则会根据污水处理厂的物理特性，包括颜色、气味、泡沫的存在、悬浮物质等可见污染物的存在，对污水处理厂下游的水质进行主观评估。否则，农民可以通过对灌溉网络（污泥沉降）、灌溉系统（堵塞）、土壤性质（渍水）、地下水质量等的影响，对水质进行回顾性评价。悬浮物堵塞滴管在过去经常发生。不幸的是，解决办法往往是移除喷嘴，最坏的情况是完全放弃滴灌。尽管如此，农民们并不是不愿意使用质量差的水，因为他们的首要任务是在适当的时候以某种方式找到水来灌溉。一些农民使用网或格栅来过滤可见的悬浮颗粒。所有流向网络下游的水都“应该是安全的”，可以用于灌溉（Mahjoub et al.，2016）。

根据2015年的分析，TWW超过了国家农业再利用标准规定的所有阈值：BOD为182mg/L，COD为450mg/L，TSS为117mg/L（推荐值分别为30、90和30）。从那以后，废水质量有了很大的提高。2016年11—12月的抽样调查显示，COD、BOD和TSS远远低于阈值。但盐度适中，平均在污水处理厂出口处为1.55mg/L，在过滤器出口处较高，平均为3.10mg/L，非常高。这需要通过取样来研究，以确定盐度的来源。这种变异在可能对作物品质和产量产生影响，但不能立即被发现。这一问题值得开展广泛的实地研究。

7.6.6 沟通

乌尔达宁的农民还被问及是否存在与技术服务和行政部门沟通的渠道，以及他们获得了何种支持以便进行废水安全地再利用。约17%的人表示得到了CRDA、GDA或CTV（当地推广服务办公室）的支持。几乎90%的人承认他们从未参加过任何宣传活动。大多数农民从他们的邻居那里得到指导，也就是说，那些已经成功实施项目的农民帮助其他人。第一个支持该地区再利用实践的农民被认为是领导者。参加培训，与科学界接触，接触国际组织，这些都极大地帮助他取得了成功。根据这位农民及其家庭积累的知识和经验，该地区的农民认为他们是实际信息的重要来源。

必须强调的是，乌尔达宁被认为是突尼斯废水利用的一个非常成功的方案。这促使一些公共当局将其视为一个完全自主的项目，不需要任何外部指导；这并不完全正确。

总的来说，在废水分配方面，农民与GDA有着良好的关系。然而，当涉及区域行政和当地推广服务时，显然存在着一种中立的关系。研究还发现，农民与CRDA(22%)和CTV(11%)的交流人数比例有限。

7.6.7 废水接触风险

在乌尔达宁，大多数农民自己灌溉。居住在该地区以外的人们在周末和假期期间灌溉。在灌溉季节，一些农民雇佣外部劳动力。家庭成员参与农业活动，更具体地说，参与灌溉是非常特殊的。这一模式表明，受污水污染最严重的人群包括农民和季节性劳动者。

该地区对废水灌溉的接受程度很高，人们意识到了存在的固有风险。然而，近90%的受访者没有意识到在灌溉过程中需要佩戴防护工具。这种行为可能源于滴灌的使用，滴灌被认为是为了尽量减少污染物的接触，尤其是微生物病原体。另一方面，灌溉作物类型是果树，意味着与土壤和灌溉用水的接触最少。根据农民的表述，灌区的健康风险得到了很好的控制。当地没有发生与废水灌溉相关的疾病等重大事故，如腹泻。事实上，不出所料，所有农民都不愿意接种疫苗。

令人惊讶的是，几乎所有的农民，除了一个对肝炎和其他水生疾病有较多了解的农民，都忽视了接种疫苗的益处以及他们在重复使用废水时所面临的风险。预防病原体和化学品的感染和减轻健康风险似乎不是社区的一个问题。即使是在项目开始时接种疫苗的第一代农民也没有跟进。

7.6.8 健康和环境风险认知

在乌尔达宁，废水排放到乌德埃尔格尔塔河对整个地区的环境都是有害的。乌德埃尔格尔塔河附近的含水层深度仅在地下4m。河流中的排放物后果如下：①新的密集植被的生长；②污泥的逐步积累；③周边地区地下水位上升。自然景观将完全转变成一个咸水生态系统，以盐生植被的入侵为主要特征，其面积在乌德埃尔格尔塔周围长达5km。居民们还注意到新生态系统频繁地吸引野猪和其他害虫，威胁到整个环境。据报道，在该河流周边放牧及饮水的牲畜的死亡，更印证了其负面影响，也造成了巨大的经济损失。这些不健康的环境促使居民，特别是农民，接受和认识到维持该地区自然生态平衡的必要性。

因此，若想减轻废水排入河道之后造成的环境负担，将排入运河的污水用于灌溉是最佳的选择。在乌尔达宁灌区执行TWW利用项目有助于恢复自然系统，包括地下水位下降，减少害虫和盐生植物的繁殖。需要进行一次包括一系列指标在内的定量评估。

7.6.9 终端用户和消费者的态度

这方面最重要的是，研究的范围不仅要包括TWW的使用者，而且还要包括TWW灌溉的农产品的消费者，以综合评估公众对TWW灌溉的态度。另一种可行的方法是通过收集农民对其产品的市场性以及他们所遵循的销售渠道的意见来评估。

通过对农户的访谈发现，该地区消费者对污水灌溉农产品的消费并不高。即便在乌尔达宁这样的小城市，TWW在农业上的使用已经广为人知，与此同时农村社区也开始对这个话题和农产品的质量产生强烈的议论。农民们宣称TWW灌溉提高了作物产量和果实质量，特别是桃子和石榴。当地市场是销售这些水果的主要渠道，消费者习惯欣赏“这种新产品”的高质量。消费者中包括酒店之类私人机构或公共机构。

然而，也有其他的报道宣称在过去农民曾遇到严重的营销问题，导致用户的接受性差。根据2003—2004年的一项调查，农民们抱怨桃子的销售价格大幅度下降。他们发现将农产品商业化的一种独特方式是在市场上销售，在那里，TWW灌溉的水果和其他类型的水果没有区别。有些人还把水果按照采摘园来经营，以避免向当地市场运输的成本，从而保证可接受的收入。

7.6.10 性别差异

在对TWW利用的抗拒与个体差异之间的关系研究中表明，由于对病原体的厌恶和敏感性，女性比男性更不愿意使用TWW（Wester et al.，2015）。迄今为止，除了很少的观察外，没有其他研究显示突尼斯妇女在这方面有类似的态度。突尼斯妇女在TWW灌溉方面的作用并没有得到很好的记录。尽管妇女在维持家庭和环境健康方面发挥着重要作用，然而不论对长期或偶尔使用TWW的妇女均无官方的量化数据记录。

在乌尔达宁，将近10%的农民是女性，她们拥有13%的灌溉土地。这些女性是管理者，但她们不一定是决策者。只有一个女人管理自己的土地，许多妇女通常被雇用为季节性工人。调查显示，约70%的受访者表示，他们涉及的TWW利用有关的农业活动中有妇女参与。妇女主要参与水果和农作物的收割（图7.11），她们大多是被雇佣为手工劳动者，而少数从事灌溉和其他领域的活动。农民的妻子也可能在田间工作中提供帮助，但并没有量化该数据。妇女偶尔出现在田间意味着她们在灌溉后通过潮湿的土壤接触TWW。

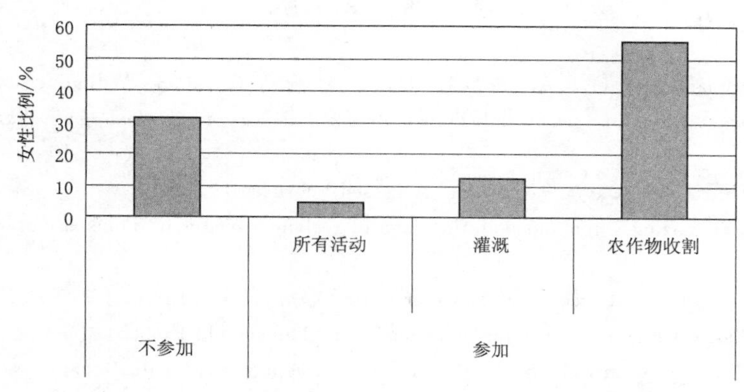

图7.11 女性在活动或再利用中的角色分布

7.7 小结

TWW利用可以减少干旱对人类及其农业生产的不利影响，并为居民带来许多好处。公众的接受程度影响着此类项目的成败。社会和文化的接受程度与许多相互关联的因素有关，如知识、经济可行性、环境和健康风险感知等。如果处理得当，它将充当此类项目成功的先驱。突尼斯是最早认识到TWW在农业方面具有潜力的几个国家之一。然而，突尼斯关于公众接受度的全面研究仍然很少。2020年要实现废水利用率达到50%的目标，突尼斯就需要建立一个机制，用以充分解决农民和用户的不情愿因素。

乌尔达宁灌区是一个有趣的案例，在不影响安全的前提下，那里的农民成功地进行TWW灌溉，并取得了经济效益。乌尔达宁灌区内公众对TWW利用的接受程度较好，对此背后的因素进行全面分析，并对其主要驱动力进行排序，同时也突出了此类项目未来的挑战和机遇。简而言之，通过调查所收集的资料可以确定，促进某区域对TWW利用接受程度的因素共有7个，其中经济效益排名第一：实践证明，采用循环经济的概念，通过创造价值、获取实实在在的利益对促进公众接受程度具有十分重要的意义。另一个关键因素是缺乏作为灌溉替代水源的常规供水，这在所有因素中排到第二。TWW水质或其供应的任何改变，均可能影响该地区的TWW利用工作。

农民与地方利益相关者之间的关系较为脆弱，为了延续TWW利用的成功，需要通过制订更好的沟通计划来改进这一情况。社区中若出现一位非官方的“领导者”会产生积极的作用，因为他可以缩小农民之间的知识差距。然而，此类情况较为特殊，在该国其他地区可能不会发生。消费者的态度在很大程度上被忽视，公众的不信任是该地区TWW灌溉产品商业化的障碍。保证产品的出口会鼓励农民参与TWW利用项目并将减少公众对其的抗拒程度。性别问题似乎在该领域发挥了次要作用。这些发现，特别是在乌尔达宁灌区的发现，可以支持今后在突尼斯甚至其他国家或其他地方采取的行动。重要的是要解决在其他灌溉方案中公众对TWW利用的看法，并最终改善公众的接受程度。

参考文献

Abu Madi, M., Braadbaart, O., Al-Sa'ed, R., & Alaerts, G. (2003). Willingness of farmers to pay for reclaimed wastewater in Jordan and Tunisia. *Water Science and Technology: Water Supply*, *3*, 115-122.

AVFA. (2008). http://www.avfa.agrinet.tn/ Accessed February 15, 2017.

Bahri, A. (1998). Fertilizing value and polluting load of reclaimed water in Tunisia. *Water Research*, *32*, 3484-4389.

Baumann, D. D. (1983). Social acceptance of water reuse. *Applied Geography*, *3*, 79-84.

BIRH-DGRE. (2003). Directory of groundwater quality in Tunisia (In French).

Buyukkamacia, N., & Alkan, H. S. (2013). Public acceptance potential for reuse applications in Turkey. *Resources, Conservation and Recycling*, *80*, 32-35.

CNEA. (2007). Evaluation of the current situation in nine schemes irrigated with treated wastewater. The irrigated area of Ouardanine, Monastir governorate. Phase 2: Diagnosis of the current situation and recommendations (In French). 51 pages + annex.

CNEA. (2008). Study on the desertification for a sustainable management of natural resources in Tunisia (in French). Report on the third phase. Last Accessed: February 2008, http://www.chm-biodiv.nat.tn/sites/default/files/rapport_desertif.pdf.

CRDA. (2015). Experience of the GDA of Ouardanine 2 in the reuse of treated wastewater (in Arabic).

DGEQV. (2013). Stratégie nationale de communication et de sensibilisation à l'utilisation des eaux usées traitées et des boues de STEP et initiation des activités de sensibilisation à l' échelle regionale. Phase 2: Elaboration de la stratégie. Ministère de l' Equipement et de l' Aménagement du Territoire et du Développement Durable. 102 pages.

DGGREE. (2015). Report on the situation of the areas irrigated with treated wastewater Campaign 2014/2015. (In French).

DGGREE. (2016). Report on the current status of the reuse of treated wastewater in irrigated areas. 46 pages. (Unpublished internal report).

Dolnicar, S., Hurlimann, A., & Grün, B. (2011). What affects public acceptance of recycled and desalinated water? *Water Research*, 45, 933 - 943.

Drechsel, P., Mahjoub, O., Keraita, B. (2015). Social and cultural dimensions in wastewater use. In P. Drechsel, M. Qadir, & D. Wichelns (Eds.), Wastewater: An economic asset in an urbanizing world. Geographical focus: Low - and middle - income countries. Part 3. The enabling environment for use, Springer, 75 - 92. ISBN: 13 978 - 9401795449.

El Amami, H., Mahjoub, O., Zaïri, A., Mekki, I., & Bahri, H. (2016). Conjunctive use of recycled water and groundwater: An economic profitability and environmental sustainability analysis - Oued Souhil case Study. *In Proceedings of the 2nd International Conference on Integrated Environmental Management for Sustainable Development*, Volume 2: Water resources, 27 - 30 October 2016. Sousse, Tunisia: Springer. ISSN 1737 - 3638.

Grundman, P., & Maas, O. (2017). Wastewater use to cope with water and nutrient scarcity in agriculture - A case study for Braunschweig in Germany. In J. R. Ziolkowska, & M. Peterson, J. M. (Eds.), *Competition for water resources. Experiences and management approaches in the US and Europe* (pp. 352 - 365). ISBN: 978 - 0 - 12 - 803237 - 4.

Hartley, T. W. (2006). Public perception and participation in water reuse. *Desalination*, *187*, 115 - 126.

Hurlimann, A. C., Hemphill, E., McKay, J., & Geursen, G. (2008). Establishing components of community satisfaction with recycled water use through a structural equation model. *Journal of Environmental Management*, *88*, 1221 - 1232.

Hydro - plante. (2002). Etude d' Assainissement et de Recalibrage de l' Oued El Guelta (in French). Dossier d' éxecution, Tunisia.

INFAD. (2012). Wastewater Treatment. World Fatwa Management and Research Institute, Islamic Science University of Malaysia. Retrieved on March 23, 2012 from http: //infad. usim. edu. my/.

INNORPI. (1989). Use of reclaimed water for agricultural purposes - Physical, chemical and biological specifications (in French). *Tunisian standards NT*, *106* (03), 1989.

ITES. (2014). Strategic study: Hydraulic system of Tunisia at the horizon 2030. (In French) Tunisia.

Mahjoub, O., Mekada, M., & Gharbi, N. (2016). Good Irrigation Practices in the Wastewater Irrigated Area of Ouardanine, Tunisia. In H. Hettiarachchi & R. Ardakanian (Eds.), *Safe use of wastewater in agriculture*: *Good practice examples*. UNU - FLORES, 101 - 120, ISBN: 978 - 3 - 944863 - 31 - 3.

Neubert, S., & Benabdallah, S. (2003). Reuse of treated wastewater in Tunisia. Studies and expertise reports. (In French). 11/2003. Bonn.

ONAS. (2015). Annual report. 27 pages.

Özerol, G., & Günther, D. (2005). The role of socio - economic indicators for the assessment of wastewater reuse in the Mediterranean region. In A. Hamdy, F. El Gamal, N. Lamaddalena, C. Bogliotti, & R. Guelloubi (Eds.), *Nonconventional water use*: *WASAMED project*. *Bari*: *CIHEAM/EU DG Research*, (pp. 169 - 178). Options Méditerranéennes: Série B. Etudes et Recherches, n. 53.

Republic of Tunisia. (2016). National Development Plan. Volume I. 189 pages.

Rejeb, S. (1990). Effects of wastewater and sewage sludge on the growth and chemical composition of some crop species (in French), Tunisia, 164 pages.

Selmi, S., Elloumi, M., & Hammami, M. (2007). La réutilisation des eaux usées traitées en agriculture dans la délégation de Morneg, en Tunisie. Mohamed Salah Bachta (Ed). Les instruments économiques et la modernisation des périmètres irrigués, 2005, Kairouan, Tunisie. Cirad, 10 pages.

Trad-Rais, M. (1988). Microbiologie des eaux usées traitées et quelques résultats de leur valorisation fourragère. Tunisie, CRGR, 9 pages.

Vally Puddu, M. (2003). *Technico-economic diagnosis of wastewater use in the irrigated area of Ouardanine (Monastir-Tunisia) (in French)*. INRGRF: Graduation project. Tunisia.

Wester, J., Timpano, K.R., Cek, D., Lieberman, D., Fieldstone, S.C., & Broad, K. (2015). Psychological and social factors associated with wastewater use emotional discomfort. *Journal of Environmental Psychology*, *42*, 16-23.

World Health Organization (WHO). (1989). *Health Guidelines for the Use of Wastewater in Agriculture and Aquaculture*. Geneva, Switzerland: Report of WHO Scientific.

World Health Organization (WHO). (2006). WHO guidelines for the safe use of wastewater, excreta and greywater. Volume II: Wastewater in Agriculture. Geneva, Switzerland: WHO-UNEP-FAO.

World Health Organization (WHO). (2009). Religious and cultural aspects of hand hygiene. WHO guidelines on hand hygiene in health care: First global patient safety challenge clean care is safer care. First global patient safety challenge clean care is safer care. Geneva: World Health Organization. ISBN-13: 978-92-4-159790-6.

Zekri, S., Ghezal, L., Aloui, T., & Djebbi, K. (1997). Negative externalities of the reuse of treated in agriculture(In French). Options Méditerranéennes, SérieA, No31, Séminaires Méditerranéens.

第 8 章

荷兰在利用废水补给含水层用于农业灌溉和生活饮用方面的经验

Koen Zuurbier, Patrick Smeets, Kees Roest 和 Wim van Vierssen

废水利用作为水的供应越来越重要。然而，最终用户的接受度对这个项目的成功非常重要。再生水的可接受性取决于其物理性质、化学性质，最重要的是水的微生物量。适当设计和操作的可管理含水层补给（MAR）系统已被证明是一种非常有效和强大的屏障，可抵御废水中存在的所有病原体。成功实施 MAR 促进安全可靠的水回用的例子非常丰富。在荷兰，这始于 20 世纪 50 年代取河水进行沙丘渗透。在荷兰，这些大型 MAR 计划仍然供应大约 1/5 的饮用水。研究表明，这些 MAR 系统对河水进行消毒和克服河流供水与用水需求不匹配至关重要。如丁特尔奥德案例研究，农业部门也可以获得成本效益高和微生物可靠的供水。利益相关方的参与和综合管理对 MAR 来说非常重要，这也导致了水库修建的增加，包括所有利益相关者都需要收回全部成本。

关键词： 废水，含水层补给（MAR），含水层储存和回收（ASR），水质指标沙丘渗透，病原体，消毒

8.1 引　　言

世界许多地区淡水需求和供应日益不匹配，因此出现了许多创新手段，以利用雨水、地表水、地下水、海水和废水等有限的可用水源。面临的挑战是提供足够高质量的水以供使用。缺水是各种非常规水源利用背后的推动力量，这些水源甚至可能含有化学和微生物污染物，威胁公众健康。新的、可持续的供水概念不仅应涉及稳定的供水问题，还应涉及供水安全。

含水层补给管理（management of aquifer recharge，MAR）被公认为是改善水质和提供以自然为基础的综合储水方案的前沿战略（Dillon，2005；Dillon et al.，2006，2010；Pyne，2005），其中含水层可以提供生态系统服务（DESSIN，2014）。MAR 包括人工补给含水层的各种方式，如地表扩张（流域、沟渠、洪水、土壤含水层处理、渗水罐）、注水井、洒水和地下水养护结构（如地下水库）。MAR 用于各种目的，其中最重要的用途是储存（防止藻华、沉降物和蒸发）、净化（去除病原体和微污染物而无需消毒或氧化）、减弱质量波动（包括温度）、维持地下水位（防止采矿、海水入侵或保护湿地）和

运输（含水层作为管道）。

在澳大利亚、美国和欧洲可以找到支持可靠供水的MAR应用的有趣案例。自1940年以来，MAR已在荷兰小规模应用。20世纪50年代，建立了大型项目，向该国西部沿海地区供水。在这个人口稠密的地区，由于咸水入侵和地下水位下降，地下水的抽取受到限制。在荷兰，每年有1.77亿m^3的地表水用于饮用水生产（占总产量的16%）。在荷兰应用MAR的最重要原因是改善莱茵河（图8.1）和Meuse的水质。由于工业城市废水和农业城市废水在上游进行排放，所以水质较差。此外，MAR系统可以在河流水质很差的几个月内使用。

实现农业和饮用水的可靠和安全供水需要仔细设计和综合评估预处理、含水层加工处理（在MAR期间）、后处理和分配。本章基于荷兰和欧盟几十年来污水处理技术的发展和最近的创新，提出了污水再利用和利用MAR来促进污水处理的最新见解。

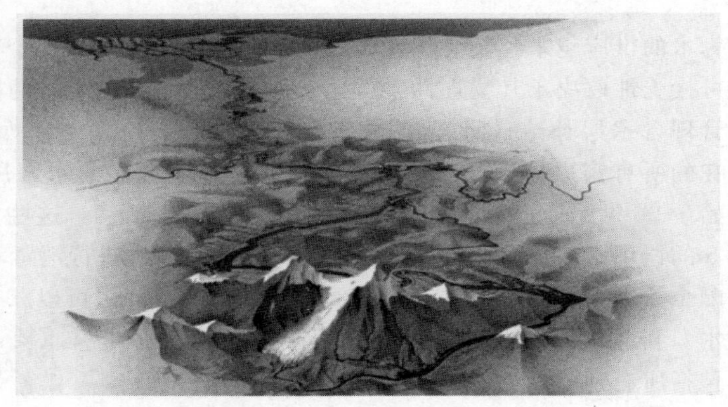

图8.1　荷兰饮用水的主要来源——莱茵河

注：莱茵河水系分布在阿尔卑斯山，其水流穿越通过各种大型工业区和城市

插图：保罗·马斯·利图利

8.2　荷兰的供水：荷兰的秘密

在19世纪，地下水井和地表水是荷兰的主要饮用水源。在大城市，用于供水的运河受到增长的人口增长的影响，地下水作为一种资源变得不足。伤寒和霍乱的大规模爆发很常见。1853年，来自沙丘地区的淡水通过管道输送到阿姆斯特丹，作为一种吸引人的、安全的替代品，尽管当时人们对水传播疾病的了解并不普遍。最初，水是通过立管供应的，但渐渐地通过房屋连接起来。海岸附近的其他大城市紧随其后，大型沙丘地区成为受保护的水源。沙丘水的普及意味着沙丘中的淡水储备枯竭，从而涌入了咸水。自1950年以来，莱茵河的水被预先处理，输送到沙丘，并通过运河渗透，以补充淡水储备。

8.2.1　使用MAR对经处理的废水的地表水进行再利用

大型MAR设施现在位于北海沿岸的沙丘地区。这些地区的特点是具有可渗透的、沙质的和未封闭的含水层。因此，流域被用来渗入地表水，主要来自艾塞尔湖（17%）、莱茵河

(35%) 和缪斯河 (39%)。取水由露天盆地和抽水井进行。2014 年，大约 1.77 亿 m^3 被人工渗透，覆盖 307hm^2 的开放区域 (Vewin，2014)。这几乎相当于荷兰生产的饮用水的 16%。在过去的几十年中，MAR 每年生产的饮用水量相对稳定。除了饮用，这种自来水还用于工业和高端农业（主要是温室）。

渗透前，水一般经过凝固和絮凝、浮选或沉淀以及快速沙过滤的预处理。到渗透地点的输送平均为 60km(Peters，1995 年)。含水层的停留时间为 20～200 天。开放式渗透证明是有价值的技术，通过这种技术，不可靠的水可以变成饮用水生产的卫生安全来源。在沿海地区采用这种技术的主要目的是：①减缓地下水水位下降；②饮用水供应的连续性；③在大量抽取地下水后防止海水入侵；④渗透期间净化地表水；⑤在运输过程中混合含水层，保持恒定的质量；⑥缓解地下水位下降。

事实证明，氧化还原环境是这些 MAR 系统在荷兰的化学主变量，在很大程度上控制了许多无机物，尤其是有机物在水相中或水相接触的迁移率、溶解度、分解度和毒性。(Stugfz et al.，2005) 为降解或沉淀微污染物建立了特定的“氧化还原屏障”。

为了减少对沙丘地区景观和生态的影响，制订了深井注入方案，以便直接注入更深的含水层。采用该技术，可通过适当的含水层勘探、优化井的设计、施工和作业以及早期的更新，避免补给井的快速堵塞 (Olsthoorn，1982；Peters，1995)。最大的深井注入点是沃特弗拉克，由 20 口渗透井组成，容量为 530 万 m^3/年。

8.2.2 确保微生物的可靠性

当 MAR 被引入时，大多数城市已经拥有了城市污水处理系统，所有这些污水最终都流入了河流，而且没有得到有效的处理。供水依靠沙丘的渗透和氯化，避免了疾病通过饮用水传播。当 1974 年发现氯化消毒的副产物可致癌时，当局逐步禁止使用氯作为主要的消毒手段。这就需要特别小心水的微生物安全。尽管荷兰没有爆发与水供应相关的疫情，但其他国家的疫情表明，仅氯的存在和大肠杆菌的减少不足以保证饮用水安全。沙丘过滤阶段被认为是防止致病微生物大量存在于河水的重要屏障。确实提出了这样一个问题：这个屏障是否足够有效，需要多少额外的屏障才能获得安全的饮用水？2001 年，将法定卫生目标定为每年每 10000 人感染 1 例，由地表供水系统定期定量进行微生物风险评估 (QMRA) 并加以核实（匿名，2001)。特定站点的评估无须使用其他法规（澳大利亚政府，2008）中使用的一般“日志积分”，而是需要对实际站点进行充分的监视 (Wetsteyn，2005)。

这意味着需要从河流源头到生产的饮用水来评估沙丘中 MAR 系统的微生物安全性。病原体直接在河水中或蓄水后在取水水库中监测。尽管大部分排放的废水现已得到处理，但河水中却含有致病病毒、细菌和原生动物。由于三次污水处理和稀释对病原菌的作用有限，所以其在河流水体中的浓度仅比未经处理的污水低两个数量级。野生动物、农业径流和下水道的联合溢流也会增加地表水中的病原体，特别是水禽弯曲杆菌是一种令人关注的人畜共患病病原体。为了实现另外 4～8 个病原体减少的健康目标，需要分析病原体的类型和位置 (Smeets et al.，2009)。在 MAR 系统中，这是通过多种处理屏障实现的，包括预处理、MAR 和后处理。预处理包括常规处理（凝固、沉淀和快速沙过滤），之后水

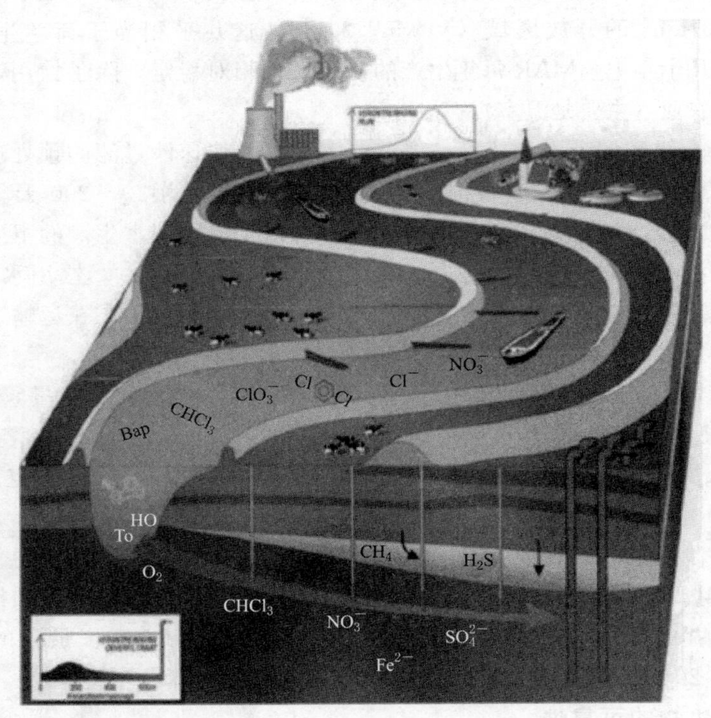

图 8.2　荷兰奥森水务公司河岸过滤的架构化（斯图伊夫赞和杜门，2005）

被输送到渗透池。MAR 系统旨在实现至少 30 天的停留时间。实地实验表明，这足以实现 9 个测井循环的去除（Schijven et al.，1998；Van der Wielen et al.，2008；Hornstra et al.，2013），使其成为最有效的屏障。

一些研究人员已经模拟了病原体对土壤颗粒的附着及其在土壤传代过程中的死亡。Tufenkji 等人（2004）的模型目前得到了广泛的应用。在荷兰典型的 MAR 条件下，这是最重要的清除过程，并且在停留时间较短时，失活是有限的。同一口井的渗透和抽汲需要经过消毒，因为最后入井的水是先出井的水，停留时间短，过滤距离短。因此，荷兰的 MAR 渗透和提取点被设置了一定的距离，提供了最小的过滤距离和传播时间，从而验证了病原体的去除。

8.3　MAR 废水：丁托德案例

在努尔德·布拉班特省西部，靠近荷兰西南河口的海岸线，一个 220hm^2 的高科技温室群正在建设中（图 8.3）。由于淡水在一般的咸水地下水系统中是一种稀缺资源，河流排放已经非常低，在典型的需求月份（4—8 月），可靠和可持续的淡水供应对这个温室群的开发是一个巨大的挑战。附近的糖厂提供了一种解决方案。该工厂在收获季节（9 月至次年 1 月）用甜菜生产糖。该糖厂生产的废水（100 万 m^3/年以上）经广泛处理后，才排放到河上。通过各种步骤，并结合水下超滤（UF）和反渗透（RO），部分出水（高达

30 万 m^3/yr）被提升到高质量，几乎脱盐的灌溉用水（EC：0.01ms/cm）。

为了克服优质灌溉用水的生产与需求之间的不匹配，需要通过蓄水来弥补 2～6 个月的时间。第一个计划是将水储存在地面上的开放盆地，由 4m 覆盖 EPDM 箔高的人造堤坝。但是，该地区的开发人员对长期储存在这个昂贵（约 250 万美元）的水库中的水质是否能得到保护有严重的怀疑，因为鸟类和未经授权的人可以进入这个水库，同时水库不受大气沉积和蒸发的保护。MAR 以 ASR 的形式提供了一种解决方案，该方案可以很容易地在该地区中心生态区内未开发土地表面实施。

通过在温室设置中使用 ASR（Zuurbi et al.，2014，2017；Zuurbier 和 Stuyfzand，2017），高品质水受到保护，免受外部影响，不影响天然水库中的水。总共需要 8 口水井供应至少 200m^3/h，以保证该地区每公顷温室的供应量为 1m^3/h。这是该地区种植者购买土地的服务包的一部分。这些井安装在地表以下 10～30m 深的细沙含水层中，由黏土和泥炭矿床覆盖。环境地下水被认为是微咸的用于温室灌溉（钠：40mg/L，要求是 2.3mg/L），而 Cl、Ca、HCO_3、Fe、Mn 等多种元素也超过了灌溉用水的限制。

在丁托德实现 ASR 计划花了大约 5 年时间，仔细评估可行性，选择适当的地点，获得所需的许可证，并在小规模实地试验中验证前景，然后再进行升级（表 8.1）。在此次试验中（图 8.3），对水质发展进行了广泛监测，以验证水的化学和微生物质量在回收后的发展以及对周围环境的水文影响。这不仅是业务优化所必需的，也是获得利益相关者（邻近农民、市政当局、糖厂等）的信任所必需的，并在 Subsol 欧盟项目（第 642228 号赠款协议）中组织。

表 8.1　　在丁托德实施 ASR 的途径

阶段	年份	持续时间	活动	成果
1	2012	2 个月	案头研究	可行性评估
2	2012	2 个月	抽样现有井	改进的可行性评估
3	2013	3 个月	领眼钻进	初步设计
4	2013	2 个月	环境影响评价	报告
5	2014	6 个月	分配	许可
6	2015	4 个月	钻井、安装	第一个含水层储存和回收（ASR）井
7	2016	8 个月	试点含水层储存和回收（ASR）周期	实地测量，校准地下水模型，评估，最终设计
8	2016	1 天	利益相关者会议	水用户和相关行为者的参与
9	2017	8 个月	升级	含水层储存和回收（ASR）2～4 号井
10	2017—2018	24 个月	监测、评估	最终升级前对 ASR 性能的最终评估（5～8 号井）

使用地下水输送模型 SEAWAT 模拟了第一个 ASR 循环，目的是提高对目标含水层淡水分布的认识，并评估潜在的抽水率。结果发现，渗透的淡水体在 ASR 井附近保持稳定，这一点在 2017 年的采收率中得到了突出体现，当时所有渗透水均成功回收，且环境微咸地下水掺量最小。通过对水质的分析，发现水质受方解石溶解和黄铁矿氧化影响，导

图 8.3 位于丁托德（左）井场的第一个 ASR 井（PP1）
及其井完成，包括井房中的控制阀（右）

致 Ca、Mg、HCO_3、SO_4、Fe 和 Mn 略有增加，但在可接受范围内。在分析过程中未观察到有害病毒和细菌。当模拟井场升压时，发现在设定的质量限度内完全回收淡水是可行的，尽管在回收阶段结束时回收的水中浓度有所增加，主要是在第一阶段。第一种达到临界浓度的是 Na，而其限制设定为只有 2.4mg/L。

8.4 三年废水的经济效益

对于丁托德地区的开发商和种植者来说，采用 MAR 不仅仅是为了更好地保护水质。由于高成本的土地（否则用于高端农业）和 30 万 m^3 水库的建设，经处理后的蓄水价格将超过 3.00 欧元/m^3（表 8.2），主要是由于水库投资较高且需要占用土地。ASR 的大部分基础设施可以使用至少 20 年（管道、水井），而只有泵、阀门和传感器需要定期更换。因此，ASR 方案提供每立方米的价格要低得多（0.46 欧元/m^3）。每年估计每年节省费用超过 30 万欧元。

表 8.2 丁托德案例的经济学分析

贮藏类型	经济寿命/年	投资建设/1000 欧元	因土地索赔而减少的收入/(欧元/年)	每立方米的价值/(欧元/m^3)
贮水池	12.5	1875	3.6	3.09
ASR	20	780	3.6	0.46

废水的额外处理（不储存）费用为 1.50 欧元/m^3。雨水灌溉用水（单个流域，占需求的 80%）与 ASR 后的污水补充处理相结合，灌溉用水总供给量平均每立方米成本约为 0.60 欧元/m^3，与荷兰优质灌溉用水价格一致。

前面各节讨论的许多技术目前已经实现并实现了商业复制。在大多数情况下，设置是非常具体的，这意味着技术、组织和财务框架是定制的。MAR 技术通常不是一种一刀切的方法。

迄今为止，荷兰创新的 MAR 应用实例已促使专业人员和相关部门考虑如何推广这些面向未来的技术。在这种情况下，挑战不仅是使当地的淡水供应和需求相匹配，而且要为大规模应用创造一个框架，对荷兰西部的规模产生协同作用。最近制订了一种办法，命名为 COASTAR（科萨塔尔含水层补给和补给）。其目的是将“区域目标”的概念扩大至区域一级。其愿景是，MAR 的私人和公共投资很好地发挥构建更广泛的国家战略视角的作用，以对抗盐碱化和平衡未来的淡水需求和供应。

然而，有两个非常实际的障碍需要克服。第一个是需要协调这种战略的不同组成部分。特别是，要在这种规模上有效，地下水管理的空间一致性是一个绝对的先决条件。此外，这种编排需要时间。寻求综合资金也面临同样的挑战，因为园艺领域的短期私人投资不会自动与公共部门寻求一般可持续发展目标的长期前景相匹配。在这个时候，人们甚至可以说是陷入了僵局。第二个是，当地私人 MAR 项目是可融资的，因为其潜在的商业案例是可靠的，且财务风险较低。然而，私人资助的项目可能太小，不能成为在全国范围内有效和可执行战略的唯一基础和载体。另一方面，大型项目对投资者来说可能风险太大，这也是因为缺乏所有权。这就是为什么我们认为区域和国家战略倡议的经济效益是关键的成功因素之一。因此，COASTAR 的金融架构应该受到批判性的审视，既要考虑私人投资，也要考虑公共投资。它有不同的模型。

当一个项目或计划的经济效益超过成本，而公共部门没有具体的职责要履行时，公共部门就没有理由参与项目融资。大多数与本地园艺相关的 MAR 项目都属于这一类（表 8.2）。当计划投资的短期经济效益低于成本，而且有价可资的公共产品受到威胁时，在大多数情况下，公共部门通过为公民征收税收和（或）关税制度来支付整体成本。为荷兰公共水务设施的水基础设施融资就是一个很好的例子。内德兰兹沃特斯查普斯银行，一个公共的国家开发投资银行，为这个政府提供金融服务。国家计划银行是“政府拥有的金融机构，目的是通过资助具有高社会效益的活动来促进经济和社会发展”（联合国，2005 年）。实际上，NPB 可被视为国际（区域）开发银行的国家版本。运作方式的一个典型例子是 NWB 最近发行的水债券（绿色债券）。它被公众股东，包括荷兰水务当局，用于投资应对气候变化的适应措施。成本被收回是因为由此产生的公共服务（水安全和保障）被定价（关税、水税等）。迄今为止，COASTAR 的宗旨和目标是同时为私人和公共目的服务。它为私营公司提供技术解决方案，这些公司的成本通过其产品的价格完全收回。然而，它们的解决方案（ASR）在不稳定的区域水文（盐碱化）中根深蒂固。因此，海岸公园的一般公共功能也应该定价。毕竟，它们要实现的是普世的环境目标，可邀请其他国家共同投资。这些功能的例子包括用处理过的废水对抗 ASR 的盐碱化，以及在地下储存雨水，以防止暴雨后发生洪水。不为这些公共目标定价意味着，通过与私人投资（例如园艺）的协同效应而产生的潜在效益将因公共事业而丧失。

影响投资的应急工具非常充分地解决了这类问题（德·内德兰舍银行，2016；格兰德尔和舍尔勒，2015；世界经济论坛，2013）。它将价值分配给经济效益（定价）和社会效益（未定价）。社会效益基于项目或企业的所谓 ESG 维度（环境、社会和治理）。Clark 等人（2015）的结论是“扎实的 ESG 实践能够带来更好的运营绩效”和“投资回报”。此外，如果这与一个人自己的业务有关，或者与他投资的业务有关，也不会有太大区别。两者都是关于社会责任行为所带来的物质和非物质奖励。这些因素很可能也很有希望成为未来任何负责任企业的核心问题。这种思维方式也反映在 APG 等荷兰大型养老基金的报告中（见其 2015 年年报；www.apg.nl/verantwoordbeleggen）和 PGGM（2015 年负责任的年度投资报告）。

就COASTAR而言，目标是寻找创新的方法来为一般的环境效益定价。将大量淡水储存在地下所带来的环境效益是巨大的。一个目标是使供水与需求更好地匹配，另一个目标是防止进一步的盐碱化和洪水。

水银行可能是处理这些公共产品定价的正确金融工具（图8.4）。它可以建立地表和地下水管理之间的功能连接，如Ghosh等人（2014）描述的美国西部模式。在描述水库的具体工作时，他们认为"将地表水和地下水权纳入单一行政框架"是缺水地区可持续水资源管理的关键工具。通过履行这一职能，水岸是一种经济工具。它主要在美国、澳大利亚、智利和西班牙作为市场工具进行了测试（Megdal et al.，2014；莫蒂拉-洛佩斯 et al.，2016）。大多数案例都是在严重缺水条件下开发的。该工具最初被定义为对现有水资源的有效重新配置，且对封闭流域更加有效（Motilla - Lopán et al.，2016）。

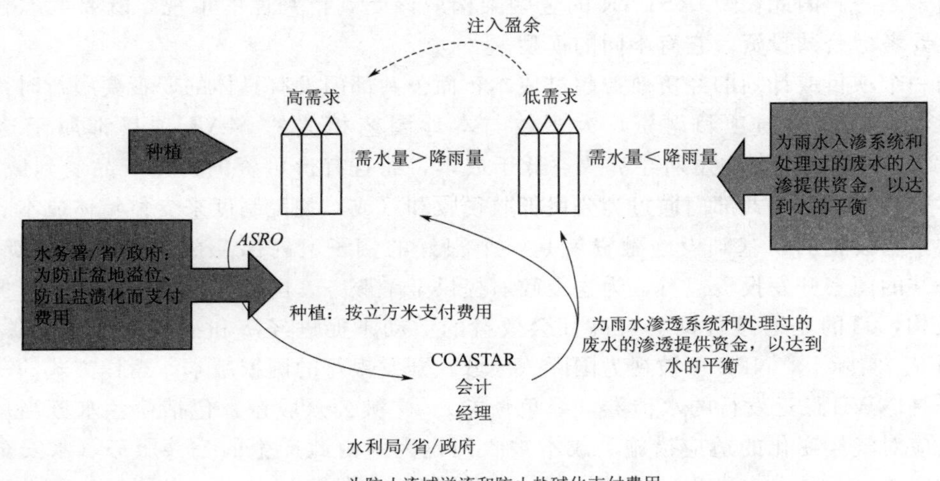

图8.4 COASTAR水库的概念，"ASRO"＝含水层储存、回收和反渗透

然而，从荷兰淡水供需的季节性不匹配来看，该仪器在更温和的气候条件下也可以很好地工作。对于COASTAR案例，在功能上将地表水和地下水连接起来，以及安装有效的定价工具尤为重要。这当然与所有权、资产或证券作为贷款和投资抵押品的问题有关。

8.5 小 结

废水的使用作为替代供水将变得越来越重要。最终用户的接受度对于水回用项目的成功至关重要。再生水的可接受性取决于水的物理、化学和微生物质量。安全水再利用需要一种冒险的方法。传统的指标（大肠杆菌）监测是不够的，因为指标很容易被处理过程删除，而致病微生物可以更持久。传统的废水处理方法并不是为了去除病原体，因此需要对废水进行后处理才能安全再利用。对于MAR，这可以被限制为颗粒去除，以防止堵塞。

成功实施MAR促进安全可靠的水回用的例子比比皆是。在荷兰，这始于20世纪50年代为沙丘入渗而引入的河水，而河流是由上游工业和城市废水排放补给的。迄今为止，这些大型 MAR 计划仍然有效，为荷兰提供大约 1/5 的饮用水。研究表明，这些 MAR 系统对于对河水进行消毒和克服河流供水与用水需求不匹配至关重要。

最后，如果没有一个连贯的筹资机制，让受益于综合办法的所有利益方都参与进来，就不可能大规模地通过水再利用和 MAR 来结束水循环，从而获得最大的利益。这包括基于从所有利益相关者那里筹集资金的总成本回收，例如在一个合作式水银行。

参 考 文 献

Allied Waters. (2016). COASTAR：A perspective for coastal freshwater management，www. alliedwaters. com.

Anonymous. (2001). Besluit van 9 januari 2001 tot wijziging van het waterleidingbesluit in verband met de richtlijn betreffende de kwaliteit van voor menselijke consumptie bestemd water. (Adaptation of Dutch drinking water legislation) Staatsblad van het Koninkrijk der Nederlanden 31：1 - 53.

Australian Government. (2008). *NWQMS：Australian guidelines for water recycling and augmentation of drinking water supplies.*

Clark，G. L.，Feiner，A.，& Viehs，M. (2015). From the Stockholder to the Stakeholder：How Sustainability Can Drive Financial Outperformance. Online：http：//www. longfinance. net/programmes/london - accord/la - reports. html? view=report&id=464.

De Nederlandsche Bank. (2016). *Sustainable investment in the Dutch pension sector* (p. 33).

DESSIN. (2014). Demonstrate Ecosystem Services Enabling Innovation in the Water Sector. www. dessin - project. eu.

Dillon，P. (2005). Future management of aquifer recharge. *Hydrogeology Journal*，*13* (1)，313 - 316.

Dillon，P.，et al. (2006). Role of aquifer storage in water reuse. *Desalination*，*188* (1 - 3)，123 - 134.

Dillon，P.，et al. (2010). Managed aquifer recharge：Rediscovering nature as a leading edge technology. *Water Science and Technology*，*62* (10)，2338 - 2345.

Ghosh，S.，Cobourn，K. M.，& Elbakidze，L. (2014). Water banking，conjunctive administration，and drought：The interaction of water markets and prior appropriation in southeastern Idaho. *Water Resources Research*，*50*，6927 - 6949. https：//doi. org/10. 1002/20144WR015572.

Glänzel，G.，& Scheuerle，T. (2015). Social impact investing in Germany：Current impediments from investros' and social entrepeneurs' perspectives. *Voluntas*，https：//doi. org/10. 1007/s11266 - 015 - 9621 - z.

Hornsta，L. M. (2013). Virusverwijdering door bodemtransport onder invloed suboxische condities. Nieuwegein，KWR：93.

Megdal，S. B.，Dillon，P.，& Seasholes，K. (2014). Water banks：Using managed aquifer recharge to meet water policy objectives. *Water*，*6*，1500 - 1514. https：//doi. org/10. 3390/w6061500.

Montilla - Lopéz，N. M.，Gutiérrez - Martin，C.，& Gómez - Limón，J. A. (2016). Water banks：What have we learned from the international experience. *Water*，*8* (10)，466. https：//doi. org/10. 3390/w8100466.

Olsthoorn，T. N. (1982). KIWA announcement 71：Clogging of injection wells (in Dutch)，Keuringsinstituut voor waterartikelen，Niewegein.

Peters，J. H. (1995). Artificial recharge and water supply in the Netherland：State of the art and future trends. In：A. I. Johnson & R. D. G. Pyne (Eds.)，*ISMAR* 2. *Proceedings of the Second ISMAR*.

Pyne，R. D. G. (2005) . *Aquifer storage recovery：A guide to groundwater recharge through wells* (p. 608). Gainesville，Florida，USA：ASR Systems LLC.

Rook，J. J. (1976). Haloforms in drinking water. *Journal American Water Works Association*，*68* (3)，168 - 172.

Schijven, J. F., Hoogenboezem, W., Nobel, P. J., Medema, G. J., & Stakelbeek, A. (1998). Reduction of FRNA - bacteriophages and faecal indicator bacteria by dune infiltration and estimation of sticking efficiencies. *Water Science and Technology*, *38* (12), 127 - 131.

Smeets, P. W. M. H., Medema, G. J., & van Dijk, J. C. (2009). The Dutch secret: How to provide safe drinking water without chlorine in the Netherlands. *Drinking Water Engineering and Science*, *2* (1), 1 - 14.

Stuyfzand, P. J., & Doomen, A. (2005). *The Dutch experience with MARS (Managed Aquifer Recharge and subsurface Storage): A review of facilities, techniques and tools* (Kiwa Report 05. 001). Nieuwegein.

Tufenkji, N., & Elimelech, M. (2004). Correlation equation for predicting single - collector efficiency in physicochemical filtration in saturated porous media. *Environmental Science and Technology*, *38* (2), 529 - 536.

United Nations. (2005). Rethinking the role of national development banks. Department of Economic and Social Affairs. Financing for Development Office. Background document 1. http://www. un. org/esa/ffd/msc/ndb/NDBs - DOCUMENT - REV - E - 020606. pdf.

van der Wielen, P., Senden, W., & Medema, G. (2008). Removal of bacteriophages MS2 and UX174 during transport in a sandy anoxic aquifer. *Environmental Science and Technology*, *42* (12), 4589 -4594.

Vewin. (2014). Drinking water factsheet 2015.

Wetsteyn, F. (2005). Inspectierichtlijn Analyse microbiologische veiligheid drinkwater Artikelcode: 5318. VROM - inspectie. Haarlem, the Netherlands, VROM - inspectie.

World Economic Forum. (2013). From the margins to the mainstream. Assessment of the impact investment sector and opportunities to engage mainstream investors. https://iris. thegiin. org/research/from - the - margins - to - the - mainstream/summary.

Zuurbier, K. G., Raat, K. J., Paalman, M., Oosterhof, A. T., & Stuyfzand, P. J. (2017). How subsurface water technologies (SWT) can provide robust, effective, and cost - efficient solutions for freshwater management in coastal zones. *Water Resources Management*, *31* (2), 671 - 687.

Zuurbier, K. G., & Stuyfzand, P. J. (2017). Consequences and mitigation of saltwater intrusion induced by short - circuiting during aquifer storage and recovery in a coastal subsurface. *Hydrology and Earth System Sciences*, *21* (2), 1173 - 1188.

Zuurbier, K. G., Zaadnoordijk, W. J., & Stuyfzand, P. J. (2014). How multiple partially penetrating wells improve the freshwater recovery of coastal aquifer storage and recovery (ASR) systems: A field and modeling study. *Journal of Hydrology*, *509*, 430 - 441.